景观小品设计

JINGGUAN XIAOPIN SHEJI

主　编　王晓晓

副主编　马　新

主　审　李　奇

重庆大学出版社

内容提要

全书包括景观小品设计概述、景观小品设计要素与流程、景观地面铺装设计、景观构筑物小品设计、景观雕塑设计、景观绿化小品设计、景观水景小品设计、景观设施小品设计八章。其中景观小品设计概述一章系统地阐述了景观小品的概念、分类、功能等,以帮助学生整体把握景观小品的理论体系。后面的分述章节详细介绍了各类景观小品的分类、特点、设计原则与设计技巧,使学生尽快领会各类景观小品的定义、类别及设计思路。同时,选取了大量典型的景观小品实例加以分析,使学生开阔视野,提高景观小品设计能力。本教材集理论性与实践性为一体,适用于风景园林、园林、环境艺术设计、城市规划等专业的学生的基础课教学,也可作为建筑学专业学生及行业内外人士的参考用书。

图书在版编目(CIP)数据

景观小品设计/王晓晓主编.--重庆:重庆大学
出版社,2020.8(2023.8重印)
高等教育建筑类专业系列教材
ISBN 978-7-5689-1623-3

Ⅰ.①景… Ⅱ.①王… Ⅲ.①园林小品—园林设计—
高等学校—教材 Ⅳ.①TU986.48

中国版本图书馆 CIP 数据核字(2019)第 166734 号

高等教育建筑类专业系列教材

景观小品设计

主 编 王晓晓
策划编辑:王 婷
责任编辑:李桂英 版式设计:王 婷
责任校对:刘志刚 责任印制:赵 晟

*

重庆大学出版社出版发行
出版人:陈晓阳
社址:重庆市沙坪坝区大学城西路 21 号
邮编:401331
电话:(023) 88617190 88617185(中小学)
传真:(023) 88617186 88617166
网址:http://www.cqup.com.cn
邮箱:fxk@ cqup.com.cn(营销中心)
全国新华书店经销
重庆升光电力印务有限公司印刷

*

开本:787mm×1092mm 1/16 印张:10.25 字数:264 千
2020 年 8 月第 1 版 2023 年 8 月第 3 次印刷
印数:6 001—9 000
ISBN 978-7-5689-1623-3 定价:49.80 元

前　言

　　景观小品设计是景观设计的重要组成部分，它既是园林景观中的重要点缀，又有画龙点睛的作用。而今，景观小品设计创作已经成为景观设计中不可或缺的一部分。人们不仅需要观赏"花瓶"一样的小品，实用性小品以及曾经不属于小品类的公共设施也向观赏小品类发展，小品的种类愈加纷繁复杂，造型愈加丰富，功能也愈加完善，也使得人们对小品的要求越来越高。社会对景观小品设计方面的专业人才，尤其是高质量的小品设计人才的需求越来越大。

　　在高校，"景观小品设计"是风景园林专业、园林专业、环境艺术设计专业的核心专业基础课，也是低年级学生接触风景园林方案设计的首选。本教材根据学生对专业的认知需要，明确编写内容和编写目标，为进一步学习风景园林设计、规划、工程建造、工程管理等高年级专业课程做好准备。

　　本教材主要针对高等教育建筑类专业景观小品课程教学进行编写，紧密结合工程设计实际，为学生提供进入景观小品设计领域的平台，以期对景观小品有系统、直观的认识，并能掌握景观小品的主要设计方法。全书共八章，其中景观小品设计概述一章系统地阐述了景观小品的概念、分类、功能等，以帮助学生整体把握景观小品的理论体系。后面的分述章节详细介绍了各类景观小品的分类、特点、设计原则与设计技巧，使学生尽快领会各类景观小品的定义、类别及设计思路。同时，选取了大量典型的景观小品实例加以分析，使学生开阔视野，提高景观小品设计能力。本教材集理论性与实践性为一体，适用于风景园林、园林、环境艺术设计、城市规划等专业的学生的基础课教学，也可作为建筑学专业学生及行业内外人士的参考用书。

　　本教材内容新颖、取材广泛，切合我国景观小品发展对景观小品设计教育的实际需求，更加注重教材的科学性、技术性和实用性。本教材编著特点有二：其一，针对性强，针对风景园林等相关专业培养方案，从基本概念、分类、特征等讲述景观小品设计的背景知识；其二,表现力强,采用"文字+图片+案例+设计图例"展示的形式,以简洁明了的分析说明和现代实用的小品案例图片,表现最直观的设计意图,从而使本教材图文并茂,理论、实践充分结合。

本书由王晓晓担任主编,马新担任副主编,李奇担任主审。本书由王晓晓编写第一章,李莎编写第二章,侯娇编写第三章,马新编写第四章,陈晓琴编写第五章,阙怡编写第六章,杨龙龙编写第七章,朱贵祥编写第八章。全书设计图和统稿由王晓晓负责。本书在编写过程中得到刘森林的鼎力相助,以及重庆大学出版社王婷编辑的大力支持,在此一并表示衷心感谢。本书在编写过程中参阅并引用了大量相关研究成果和资料,在此向有关作者表示真诚感谢。

编者期盼本教材的出版对当代大学生及广大读者创造思维能力和动手能力的培养与提高有所帮助。由于编者水平有限,本书尚存在不足之处,敬请专家、学者及教学第一线的教师批评指正。

编 者

2019 年 11 月

目　录

1

景观小品设计概述

1.1 景观小品的概念

"小品"一词来源于佛教经典。其在经典中有全本和节本之分,全本称为"大品",节本称为"小品"(《世说新语·文学》"殷中军读小品"句下刘孝标注:"释氏《辨空经》有详者焉,有略者焉。详者为大品,略者为小品。")。"小品"原指简略且篇幅较少的经典,其特点是元素简练、小巧精致,后被用于文学领域,泛指随笔、杂文一类的短篇文体。1951 年,在北京市建设局的支持下,清华大学梁思成先生、吴良镛先生和北京农业大学汪菊渊先生发起建立了我国第一个造园专业。其后,小品才被广泛用于景观范围中。

现代景观小品的范畴主要是区别于大景观而言的。首先,景观小品要成为景观,具有一定的美感和较强的观赏性,给人以美的享受;其次,景观小品,顾名思义,重点在"小",所以这类景观的体量不宜过大,而以小巧、轻盈、精致、紧凑为主;最后,能够独立成景,即要求在有限的体量范围内,能够表达出完整的信息,展现出独立的主题,体现出明确的艺术手法。

因此,景观小品是指某一外部环境中体量小、造型多样、色彩丰富,具有使用功能和

图 1.1 楼盘示范区中的景观小品

较高艺术欣赏价值的人工构筑物,是公共环境中视觉焦点的重要构成部分,其定义有广义和狭义之分。目前行业中所讨论的景观小品以广义为主,即《园林基本术语标准》(CJJ/T 91—2017)中小品的定义:园林中供人使用和装饰的小型建筑物和构筑物。

如图1.1所示,丰富多元的雕塑及水景景观小品在楼盘示范区中具有较高的装饰性,起到了美化公共空间的作用。重庆市永川区万达广场上,以手绘轮胎为基本元素的景观小品,实现了与人的互动,增强了小品的实用性(图1.2)。四川农业大学校园中的"川农牛"雕塑小品,表现了艰苦奋斗、开拓奉献的"川农大精神"(图1.3)。

图1.2　商业广场上的景观小品与人的互动

图1.3　四川农业大学的"川农牛"雕塑小品

1.2　景观小品的分类

景观小品包括装饰性和实用性两类。装饰性的景观小品有雕塑、绿植、水景、花坛、铺装等,主要以其外观的美感及艺术创作吸引人们驻足;实用性的景观小品主要有休息设施、电话亭、垃圾桶、标识牌、照明设施、景观构筑物等,主要突出其在室外空间中的使用价值。在城市景观空间中,多数景观小品不单单具有装饰性,同时也具有实用性。

1.2.1　装饰性小品

装饰性小品即在城市空间中以美观生动的造型出现,主要起点景、配景等装饰性作用,如雕塑类小品、绿化类小品、水景类小品。

1)雕塑类小品

雕塑类小品广泛应用于城市美化和装饰,用寓意、象征或精神文化展示赋予景观环境鲜明而生动的主题,所以在古今中外的景观环境中被大量应用。雕塑类景观小品一般设置在城市的公共空间,既可独立存在,又可与建筑物、植物、水体等周边环境相结合。其题材范围较广,包括展现历史沿革、民间传说、风俗习惯及地理特征等。重庆三峡广场上的编钟雕塑,其原型为从三峡出土的音乐编钟文物,刻画着三峡的历史和文化,倾注了人们对三峡的热爱(图1.4);同样位于重庆三峡广场上的"棒棒(挑夫)"雕塑,展现了由重庆的特殊地形和港口经济应运而生的职业群体,体现了负重前行、爬坡越坎、勇于担当、不负重托的"棒棒精神"(图1.5)。

图 1.4　重庆三峡广场上的　　　　　　图 1.5　重庆三峡广场上的
编钟雕塑　　　　　　　　　　　　"棒棒（挑夫）"雕塑

　　雕塑类小品从类型上可大致分为预示性雕塑、故事性雕塑、寓言雕塑、历史性雕塑、动物雕塑、人物雕塑和抽象派雕塑等。雕塑类小品的出现使环境充满活力与情趣，提升了城市的艺术品位和文化内涵，并能够陶冶人们的情操，丰富人们的精神。动物雕塑中较为著名的是位于东京地铁涩谷站站前广场的忠犬八公铜制雕像。人们感动于八公对主人的感情，为其建立雕像，体现了人与动物的深厚情感，也展现出整个城市的温情（图 1.6）。人物雕塑中，德国海德堡选帝侯卡尔·特奥多雕像振臂高挥、凝视远方的形象，成为海德堡不朽传奇的象征（图 1.7）。

图 1.6　东京地铁涩谷站　　　　　　图 1.7　德国海德堡选帝侯
忠犬八公雕像　　　　　　　　　　　卡尔·特奥多雕像

2)绿化类小品

绿化类小品是以植物为基本材料,通过设计与创造,呈现植物的造型及色彩特征。从形态上可分为绿篱、绿雕、花坛、花池、花台和花钵等。这类小品的特点是原材料多,便于管理维护,构思、组图灵活性强,流动性能好。公共空间中的花池及花钵小品,通过花卉的色彩美、形态美来装饰环境(图1.8、图1.9)。

图1.8　某楼盘示范区里的花池小品　　　　图1.9　公园里的花钵小品

3)水景类小品

水景类小品通常以其或静谧或灵动的形态出现在城市公共空间中,其设计目的以承载水体的各种形态为主。水景类小品既可作为空间中的主体,成为视觉的焦点,还可作为配景,使周边环境鲜明而生动。天鹅造型水景小品和几何造型水景小品作为整体景观中的视觉焦点,在镜面水中起点景作用(图1.10、图1.11)。

 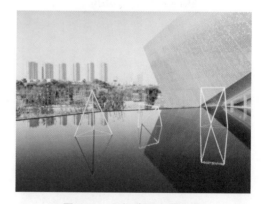

图1.10　天鹅造型水景小品　　　　图1.11　几何造型水景小品

在规则式园林景观中,水景小品作为重要的景观节点一般处于建筑物正前方、园区中心位置或主要轴线上。如法国凡尔赛花园中轴线上的水景小品,以水及雕塑相结合的形式,形成了主要景观节点(图1.12)。在自然式园林景观中,水景小品常与周边景观相融合,成自然形态。如江南三大名石之一的"瑞云峰"周边环境秀美,池水碧澄清澈,四周绿荫葱郁,形态各异的置石假山围绕陪衬,令瑞云峰更为壮观宏丽(图1.13)。

图1.12 凡尔赛花园中轴线上的
水景小品

图1.13 自然式景观中的
江南三大名石之一的"瑞云峰"

1.2.2 实用性小品

1)休憩类小品

休憩类小品是指供人们休憩用的设施,既有使用功能,又有娱乐功能,同时还具有优美的造型,如长椅、桌凳、花架、凉亭等(图1.14)。其在有效提高城市空间使用率的同时也提高人们游玩的兴致。因此,此类小品应在充分人性化的要求下尽量做到功能完备、尺度合理、造型别致,与周围环境相协调。例如,以乔木的遮阴功能为主,在树荫范围内设计流线型座椅形式,体现其简洁明快的设计风格(图1.15)。

图1.14 室外空间休息座椅

图1.15 座椅功能性的延展

2)信息指示类小品

信息指示类小品是指将重要的文字及标志信息置于特定的材质上而形成的景观小品,有引导、讲解、宣传、教育等作用,包括园区导游图版、路标指示牌、警告牌,以及动物园、植物园、文物古建、古树名木的解说牌等(图1.16、图1.17)。设计良好的信息指示类小品能给人们提供清晰明了的信息与指导,方便人们游玩的同时减轻园区或市政的管理负担。这类小品的特点是把实用性和观赏性有机地结合起来,给人耳目一新的感觉。

图 1.16　重庆解放碑路标指示牌　　　　　　　图 1.17　商业区户外综合导引牌

3）照明类小品

照明类小品主要用于夜间,即用灯光或其他光源组成的照明设施,包括路灯、庭院灯、草坪灯、投射灯等。其基座、灯柱、灯头、灯具都有很强的装饰作用。照明类小品在白天能与环境相融合,其风格、材料要与景观环境相一致;在特定环境中,如夜间,对建筑、雕塑、喷泉、植物进行照明设置,能起到优化环境景观、烘托环境氛围的作用。

照明类小品形式多样、应用灵活、互动性强,是一种优点突出的景观亮化照明方式。从造型上可分为节日型、拟物型、趣味型、互动型等。随着科技的不断发展,创意高、互动性强的照明类小品,开始逐渐成为城市中普遍的照明形式。这类小品创作空间大,立地要求低,可塑性比较强,资源占用少而成本较低,可以单独成型,也可以多个组合,在城市和城市化程度比较高的景区运用广泛。例如重庆市永川区兴龙大道上的照明设施,其设计采用中国古典元素,与周边自然式绿化相符,使整条道路的景观性更为统一(图 1.18)。居住区中座椅与照明设施的结合越来越多,在夜晚,方便居民休息的同时增加了活动的安全性(图 1.19)。

图 1.18　重庆永川区　　　　　　　　图 1.19　结合照明系统的座椅
人行道上的照明设施

4)公共卫生类小品

公共卫生类小品的设置主要以保护环境整洁、营造良好景观效果为目的,包括垃圾箱、直饮水台、洗手池等。在设计中,应体现以人为本的概念,例如垃圾箱的体量和位置应根据所处环境的性质、面积、人流量等因素综合考虑,并合理设计垃圾分类处理模式,与市政环境管理相匹配(图1.20)。同时应注意公共卫生类小品的材质、色彩和造型与周边环境的协调,并保证公共卫生类小品的干净清洁(图1.21)。

图1.20 常规分类垃圾箱

图1.21 重庆中央公园直饮水台

1.3 景观小品的功能

景观小品在满足人的基本需求的同时,还承载着美化环境、传播精神、体现文化等功能。归结起来,景观小品在城市景观中的功能大致包括以下四个方面。

1.3.1 造景功能

景观小品本身具有较强的艺术性和观赏价值,在景观环境中能发挥重要的艺术造景功能。通过组景、分景、造景、借景、点景等手法对景观空间进行有效且合理的分配,能使景观环境更加生动,画面更加和谐统一。景观小品巧妙地将各个景观节点组织结合起来,使单一的景观空间变得更富有变化感和层次性。

在整体环境中,景观小品虽然体量不大,却往往起着画龙点睛的作用。作为某一景物或建筑环境的附属设施时,它能巧妙烘托,相得益彰,为整个环境增景添色(图1.22)。作为环境中的主景时,它又能为整体环境创造丰富多彩的景观内容,使人获得艺术美的享受(图1.23)。

图 1.22　重庆 IFS 国金中心熊猫造型小品

图 1.23　在空间中做主景的景观小品

1.3.2　使用功能

　　景观小品,尤其是景观小品设施,可为人们提供在景观活动中所需的休息、照明、观赏、导向、交通、卫生等各方面的需求与服务。如各种造型的亭、廊、榭、椅、凳等小品,可供人们休息、纳凉和赏景。结合环境,用自然块石或用混凝土做成仿石、仿树墩的凳、桌;或利用花坛、花台边缘的矮墙和地下通气孔道来做椅、凳等;围绕大树基部设椅凳,既可休息,又能纳凉(图1.24)。景观灯可提供夜间照明,也可单独成景,方便夜间休闲活动(图1.25)。

　　景观小品还能进行信息指示,如布告板、导游图板、指路标牌等,可给人提供有关城市及交通方位上的信息;如动物园、植物园和文物古建筑的说明牌、阅报栏、宣传廊和宣传牌等,可以向人们介绍各种文化知识以及进行各种法律法规教育等,有导向、宣传、教育的作用(图1.26);鹅卵石铺装小品可方便行走和健身活动等(图1.27)。

图 1.24　带座椅功能的树池式景观小品

图 1.25　重庆南山壹华里
夜景公园"鸟巢"小品

图 1.26　重庆磁器口古镇景区的爱心指路牌小品

图 1.27　公园中常见的鹅卵石铺装小品

1.3.3　安全防护功能

一些园林景观小品还具有安全防护功能,以保证人们游览、休息和活动时的人身安全,并实现不同空间功能的强调和划分,以及环境管理上的秩序和安全,如各种安全护栏、围墙、挡土墙等。梯级旁挡土墙的设计在保证人们上下梯级安全的同时防止泥土崩散,为平台上的构筑物提供支撑,如图1.28所示。

图1.28　挡土墙的设计

1.3.4　标示地域文化

优秀的景观设施与小品具有特定地域化的特征,是该地人文历史、民风民情以及发展轨迹的反映。通过这些景观中的设施与小品可以提高地域的识别性。如北方小品的"一池三山",以真山真水的自然风貌为依托(图1.29);江南小品的亭榭廊槛,与江南水乡特有的风情融为一体(图1.30);而岭南小品的碉楼、船厅、廊桥则展示了岭南的特色(图1.31)。

图1.29　"一池三山"概念在新中式风格中的演进

图 1.30　苏州园林中的沧浪亭

图 1.31　岭南园林中的游廊式拱桥

1.4　景观小品设计存在的问题

进入 21 世纪,我国景观小品设计虽然取得了巨大的成就,但是在这快速发展的表象后面,还存在诸多问题。了解问题所在,才能引导设计从业人员着手落实解决,让景观小品设计持续健康发展。以下对景观小品设计中存在的主要问题进行简单说明。

1) 景观小品空间布局失当,缺乏特色

一味地模仿和照搬是现代景观小品设计的通病,带来的后果就是缺少个性,千篇一律,与当地景观环境格格不入,失去了应有的风格和特色。景观小品的布局需要从整个环境空间着手,从人体工学方面考虑,进行合理的设置,而不是简单地堆砌,让其空间布局失当。

2) 过分注重表现形式,忽略实用性

园林景观既然是开放性的公共空间,必须重视在日常使用中各类人员的行为和心理状态的需求,才能使景观小品更符合"以人为本"的设计原则。如今的景观小品设计,往往过分注重小品外在的美观性而忽略其实用性,造成景观小品本身与空间环境脱节,降低了景观小品的使用频率。例如,休憩设施位置及使用不方便、垃圾箱放置不合理等,这造成了资源的巨大浪费。

3)一味强调景观性,忽略生态性

在景观小品设计中,往往会通过色彩、材质、肌理、尺度等设计强调小品自身的表现力,而忽视了景观小品的生态效益。例如,大面积的硬质铺装占据了有限的绿地面积,使夏季无遮阴场所,难以调节区域小气候;反光材质的景观小品往往在烈日下对观者产生刺眼的视觉感受;不合理的照明设施会对城市造成严重的光污染等。景观小品若不能与植物、水体相结合,生态效益便无从谈起。

因此,在景观小品的设计中,应立意新颖、定位准确,坚持以人为本,注重特色,因地制宜,并充分应用新型、环保材料,与生态环境紧密结合。

1.5 景观小品的设计原则

在景观小品设计中,需做到以人为本,以空间环境为载体,充分考虑其形态、位置、色彩和工艺,要求与整体环境协调一致,充分发挥景观小品的作用,实现其多元化的意义。

1)"以人为本"的设计原则

景观小品是人与环境对话的重要元素,人的习惯、行为、性格、爱好都决定了对空间的选择。景观小品设计的目的是直接服务于人,因此"以人为本"的人性化设计是我们应该遵守的最基本的设计原则。设计中,应从尺度和材质上充分考虑景观小品的安全性和便捷性,尤其是需要符合人体工程学,要考虑景观小品的各项尺寸,如座椅、垃圾桶、花池、水池等的高度以及大小规格。公共空间更需要考虑能为各类人群服务的设计,如儿童、老人、残障人士等。同时考虑使用者的心理需要,如舒适性、私密性等。这样的设计作品才能体现出设计者的人文关怀。

2)与环境协调统一原则

景观小品是景观环境的重要组成部分,两者之间有着密切的依存关系。这里的环境包括地形、水体、植物、建筑等实体环境以及历史文化、传统民俗等精神环境。因此,在设计时要考虑空间的总体规划、周围环境及小品本身的特点灵活布置。但是仅从景观小品本身的造型出发显然是不够的,还要充分考虑各构成要素如尺度、材质、色彩、位置等都需与环境和空间模式相协调。景观小品应该与周围环境和谐统一,避免形式、色彩和风格上的冲突和对立。功能上,在满足人的基本需求的同时还要考虑其形式、体量、位置以及其持续性、适应性,尽力避免不合时宜、不符合整体风格、内涵表达模糊、功能性相对较差的小品形式出现。

3)可持续发展原则

景观的可持续发展是景观设计的必然趋势,具有前瞻性的景观设计往往注重可持续发展。在景观小品的设计中,对绿色植物的造景、对清洁能源的使用、对可降解材料的循环利用都是可持续发展设计原则的体现。因此,在设计中要尽量运用自然景观要素,达到低碳、节能减排的可持续发展目的。

4)文化特性原则

景观小品是城市文化和艺术的重要载体,是具有时代意义和文化意义的符号。景观小品的设计不仅要满足环境的整体风格要求,还应将该区域的文化内涵和美学价值充分结合,起到反映一个地区社会生活,宣扬城市传统文化的作用。其设计应使观者在思想上产生共鸣,行为上受到感染,从而对观者的心理起到良性的引导作用。只有在设计中充分考虑城市文化特性的景观小品才会使公众流连忘返。

1.6　景观小品的表现形式及表现手法

景观小品表现形式多样,表现手法灵活,可动可静,亦可动静结合。

1.6.1　景观小品的表现形式

1)单体式

单体式景观小品独立存在于某个特定的空间中,其位置可设置在较小的区域空间内。如果景观小品本身体量较大,内涵较丰富,亦可设置在较大的展示空间中。单体式景观小品能综合其观赏性和功能性,并能完整地传达小品设置的意图和信息,通常在景观中起画龙点睛的作用(图1.32)。

2)组合式

当单体式景观小品不足以反映它所体现的主题和意义时,即可采用组合式景观小品的表现形式。也就是将两个或两个以上景观小品放在同一个空间范围,其位置适合在空旷的区域空间内,其排列可以成片也可以成线。组合式的表现形式能较好地凸显系列小品的创作意图,也能连贯地表达特定小品所展示的信息(图1.33)。

图1.32　特定空间中的单体式景观小品

图1.33　成线状排列的组合式景观小品

3)区域式

在一个较大的区域空间内,集中布局若干个景观小品称为区域式景观小品表现形式。区域式景观小品中每个小品的主题应保持高度一致,同时用相似的造型、色彩和材质,表达景观小品的设计意图。此种形式通常在游客比较集中的地方采用,如游客中心、停车场、休闲广

图 1.34　葡萄牙里本斯广场的灯具座椅

场、集散中心等空间大的区域。葡萄牙里本斯广场的灯具座椅,采用相同的造型和材质,使整个区域式景观小品形成较高的统一性(图 1.34)。

1.6.2　景观小品的表现手法

1)色彩表现

　　色彩是视觉感官所能感知到的最敏感的要素,虽然景观小品的色彩作用是很微弱的,但景观小品是人们活动的载体,伴随着景观小品的展示作用,那些色彩鲜艳的景观小品往往更

容易成为景观空间的主体,以及城市风格特征的表现形式(图 1.35)。不同材质的景观小品有不同的色彩,采用天然材料的景观小品呈现出的自然色彩,使景观小品更具亲切感。

2)质感表现

　　硬质材料构成了景观小品表面的质感和整体的环境风格,能使人们对自己的栖息环境产生认同感与归属感。景观小品的质感多以天然石材、金属、木材、塑料、合金、高分子复合材料等表现。不同材料质感给人的感受不同,其外表软与硬、灰暗与光亮、粗糙与细腻等的差异,木质的古朴、石材的厚重、金属的现代感,塑钢、塑料色彩的鲜明醒目,都通过质感得到体现。因此,天然材料和人工材料装饰的环境空间,极大地丰富了景观小品的语言和形式(图 1.36)。

图 1.35　景观小品的色彩表现

图 1.36　不同质感表现下的景观坐凳

3）形态表现

景观小品由不同材质拼成点、线、面、块四种结构,通过重复、渐变、发射等形式构成多种多样的具有审美特性的作品(图 1.37)。点,是最简洁的形态,可以表明或强调位置,形成视觉焦点。通过改变点的颜色,点排列的方向、形式、大小及数量变化来产生不同的心理效应,给人以不同的感受。景观小品通过线的长短、粗细、形状、方向和肌理来塑造线的形象,反映不同的心理效应。点、线、面的基本要素在变化中演化成新的造型语言,是新时代意识下的创意构思,无论是雕塑、构筑物还是植物,都可以通过点、线、面和整体的统一造型设计创造其独特的艺术装饰效果,同时造型的设计不能脱离意境。景观小品的形态可以是动态的,也可以是静态的,一般通过表情、肢体语言等来展现其艺术内涵。

图 1.37　由曲面和球体构成的景观小品

4）尺度表现

景观小品除了自身构图比例要协调外,更要与周围的环境尺寸相匹配。景观小品的美是通过构图比例、细部的刻画以及必要的装饰处理来体现的。在景观小品设计中,尺度运用合理与否会直接影响人们对其的生理感受和心理感受。通过细部的刻画,用良好比例的景观小品体现艺术的精髓,不仅能让人们感觉舒适、方便,更能让人们得到视觉上的享受,从而使景观的价值得到体现与升华。

图 1.38 是挪威镜面山林装置景观。该装置被命名为"科学之路",它是一个永久性的景观。该装置是设计师从 Kistefos 雕塑公园的地势环境中获得灵感的,在景观与自然环境之间构起了通话的桥梁。金属质感的景观小品在光影效果上与圆形草坪相契合,造型上的高低起

伏随山脉而变,材质上的反射效果柔化了小品与环境之间的界限。该景观小品整体上把握好了空间尺度、人的行为尺度及自身比例,较好地与周边环境进行了融合。

图 1.38　景观小品的尺度在大场地中的体现

本章思考题

1.景观小品的概念是什么?

2.景观小品如何分类?

3.对于景观小品目前存在的问题,应从哪些方面进行解决?

景观小品设计要素与流程

景观小品设计要素包括构成要素、环境要素、行为要素和创新要素。其中,构成要素包括造型(点形态、线形态、面形态、体形态)、色彩、材料、空间等。

景观小品设计流程由八部分构成:草图创意、方案推敲、延伸构思、方案深化、扩初设计、施工图设计、设计实施、设计评价与管理。

2.1 构成要素

景观小品的构成要素指其外在的形式,即自身的艺术语言与结构,是实质性的物质元素。总体概括为造型、色彩、材料、空间等。

2.1.1 造型

造型是景观小品的外在形态,是使用者直接接触的元素。景观小品的形态造型要素包括点形态、线形态、面形态、体形态。这些形态要素通过穿插、叠加、分离、渐变、转换等组合变化,构成了景观小品独具一格的造型和丰富多彩的美感。

1)点形态

点是造型艺术中的最基本单元,能成为视线的焦点。在设计中,可以通过改变点的颜色、大小、数量以及排列的方向和形式,使之产生不同的视觉效果和心理感受(图2.1)。

2)线形态

点形态运动后留下的痕迹即为线形态。线在造型上具有非常重要的作用:可以作为形体的轮廓、纹理的填充,还可以作为支撑的骨架。线是最有力的造型手段,包括直线和曲线。直线分为水平线、垂直线与倾斜线(图2.2、图2.3);曲线分为几何曲线和自由曲线(图2.4)。使用者在观赏线型景观小品的时候,会将线条的形式感和事物的性能结合起来,产生各种联想和心理暗示,比如:水平线稳定、平静及呆板和无限延伸感;垂直线有生命力、力度感;倾斜线使人感觉有右上、左下以及左右摇摆的感觉,具有较强的运动感;几何曲线体现规则美感;自由曲线表现自然、自由、随意和优美。

图2.1 点的应用

图2.2 水平线的应用

图2.3 倾斜线的应用

图2.4 曲线的应用

在景观小品设计过程中,线条若是运用不当,会造成视觉的紊乱,给人以滥竽充数之感。设计者可以通过线的长短、粗细、形状、方向、疏密、肌理等的不同来塑造线的形象,从而表现景观小品的不同个性,反映不同的心理效应,比如细线表现精致、挺拔和锐利(图 2.5),而粗线表现壮实与敦厚(图 2.6)。

图 2.5　细线的应用

图 2.6　粗线的应用

3)面形态

面是二维空间所构成的形,有几何形面和自由形面之分。几何形面(即平面)在环境中具有延展、平和的总体特征(图 2.7)。自由形面(即曲面)表现出波动与热情以及不安与自由(图 2.8)。

图 2.7　几何形面的应用

图 2.8　自由形面的应用

景观小品可以通过运用面的形态特征、面与面的组合,表达多样情感和寓意。比如低垂的面产生压抑感,高耸的面展现崇高感,倾斜的面表现不安感和运动感,而群化的面产生层次感(图 2.9)。

4)体形态

体形态(图 2.10)展示景观小品的不同角度变化,给观赏者以不同的感受,比如重量感和力度感。体形态常常与点、线组合构成形体空间,表达不同效果。例如,面为辅、细线为主,可表达轻巧活泼的形态效果;面为主、粗线为辅,可表达浑厚稳重的造型效果。

图 2.9　群化的面产生层次感

图 2.10　体形态的应用

2.1.2　色彩

色彩是物体对光线反射后作用于人的眼睛的结果,是所有视觉元素中最活跃、最具冲击力的因素,并且能够引导人的情绪和情感(图 2.11)。

景观小品的色彩可以明显地展现造型性格与个性。暖色明朗的色调让人轻松、愉快,能够营造热烈的环境氛围;冷色灰暗的色调让人沉着、冷静,可以创造优雅安静的环境氛围。

2.1.3　材料

材料是景观小品的物质构成要素。材料不同的质感、肌理、颜色、施工工艺能够带给人不同的心理感受,包括视觉感受、触觉感受、联想感受以及审美情趣。比如砖、木、竹等材料可以达到自然、古朴的效果(图 2.12);金属、玻璃等材料能够满足高科技的设计意图(图 2.13);未加修饰的混凝土和钢结构能够展现粗犷的艺术效应。

图 2.11　色彩的应用

图 2.12　竹质材料的应用

图 2.13　金属、玻璃材料的应用

　　在景观小品设计中,要充分理解材料本身的性能和视觉特征,根据设计功能和主题要求,选择合适的表面处理手段,以产生不一样的色彩、质感与纹理。

2.1.4　空间

　　空间是物质存在的一种客观形式,由长、宽、高综合体现。景观小品通过构成物质产生内在空间和外在空间,为使用者提供视觉空间和活动空间。拱形的景观小品以半围合的方式将室外空间分割成两个部分,内在部分由于实体材质的围合而具有一定私秘性(图2.14)。景观小品也可竖向分割空间,若采用镂空的景观小品形式,其空间的分割感减弱,形成透景(图2.15)。

图 2.14　景观小品围合空间

图 2.15　景观小品竖向分割空间

2.2　环境要素

景观小品被置于室外空间,是一种实用性与装饰性相结合的艺术品。设计的时候不但要表现出很好的审美功能,还要将其与周围环境联系起来,形成有机的整体,即意与境的协调(图2.16)。此处提到的环境包括有形环境和无形环境两种,前者指绿化、水体、建筑等人工环境,后者指人文、历史和社会环境。在设计景观小品时,要在形式、风格、色彩等要素上与周围环境相统一,避免产生冲突和对立。比如烈士陵园中尽量不要设计色彩艳丽、造型太具未来感的小品;而幼儿园景观设计中可以配置鲜艳的、形态乖巧的小品。

图2.16　景观小品与环境的有机融合

2.3　行为要素

人的行为习惯、兴趣爱好决定了空间的特点,而景观小品设计的目的是服务于人,所以要"以人为本",利用合理的尺度、优美的造型、协调的色彩、恰当的比例、舒适的质感来满足人们的活动需求。充分考虑不同人群的行为心理特点和特殊需求(如老人、小孩、残疾人等),进行精致的小品细部设计。例如,设计合理的座椅尺度(图2.17),布置专用人行道和坡道(图2.18),添加特殊标识(图2.19)等。

图2.17　景观小品的合理尺寸

设计人员的认知、风格崇拜与倾向会影响景观小品的设计。除此之外,项目氛围及特色定位也是景观小品设计的重要依据。

图 2.18　人行道铺装设计

图 2.19　景观小品与特殊标识

2.4　创新要素

　　景观是一个变化的行业,只有不断创造出个性化、艺术化、富于创意的小品,才能跟上时代的步伐。创新不单单体现在新材料、新工艺的使用上,还体现在人文历史知识的积淀、审美感悟、信息检索能力等方面。因此,设计师要善于观察生活,把洞悉到的事物作为创新的元素和灵感来源,然后进行放大应用,设计出富有情调或趣味的创意作品。例如,室外空间中座椅的设计,采用太阳能板作为遮阳伞,同时进行光电转换,为夜间座椅下方的照明设施提供电能(图2.20)。

图 2.20　新材料的应用

图 2.21　景观小品中融入文化符号

此外,文化题材(文化素材和文化时尚)可以作为创新的要素之一,在小品设计中加以利用。只有注入了文化内涵的景观小品,才能激发人们心灵的深刻共鸣(图2.21)。在景观小品设计中,可以利用的文化题材包括传统文学(文学、艺术、书法、诗词等)、传统艺术(皮影、剪纸、刺绣等)、神话传说(寓言故事、宗教故事等)、文化符号等。

2.5 景观小品设计基本流程

景观小品设计是循序渐进的过程,从灵感获得、设计意向的形成,到方案的完成,需要设计师从整体到局部、从粗到细逐步深入,以表达整体设计理念和主题。

2.5.1 草图创意

草图绘制是设计师进行具体小品设计的前期构思阶段。草图是通过图形将瞬间的念头、思路、灵感记录下来的有效手段,也是设计师之间进行交流的有效方式。草图创意是整个流程中非常重要的阶段,许多精妙的设计方案均产生于此。因此,设计师要善于培养图形化的思维和表达技能,将一闪而过的想法变为可随时翻阅和利用的资料。

2.5.2 方案推敲

在经过前一个阶段后,设计师会形成许多设计创意。在方案推敲阶段,设计师应该比较、综合、提炼这些草图,更加理性地重新审视(以功能、造型、艺术性、可行性、经济性、独创性等为依据),推选出一到两个方案进行深入推敲,为下一步方案的确定奠定基础。

2.5.3 延伸构思

针对上一阶段选出的方案,从功能性出发,分析是否存在问题,并寻找可以拓展和延伸的方面。设计师在该阶段需要用笔确切地记录和表现构思方案。

2.5.4 方案深化

进入方案深化阶段,意味着方案主题已定。这个时候需要从尺度关系、材料间质感对比关系、色彩对比关系等细节,解决景观小品的安全性、美观性、舒适性、地域性、文化性等问题。设计师需要绘制效果图和相关尺寸图。但需要注意的是,方案深化不是一蹴而就、一步到位的,而是需要不断地修改和完善。

如图2.22所示,该组小品的使用场所为新兴文化的广场或特色园区,因此,其设计方向为互动、吸引、科技等。在确定设计方向后,开始从设计现状中提炼设计意图和设计依据,即人的活动来自对感官的追求,通过激发人的感官引起人对小品的探索和好奇。并以此为出发点进行初步设计。(a)图小品"螺旋",灵感来自理发室招牌。柱体部分由多块可组装的小型圆柱组成。整体利用热感与光感技术相结合,引人驻足、观赏及互动。(b)图小品"光屏",通过对行人的外轮廓加以识别,并在光屏上延伸其他的装饰(例如帽子、衣服、小挂件等)或动作,来引人互动。

(a)"螺旋"

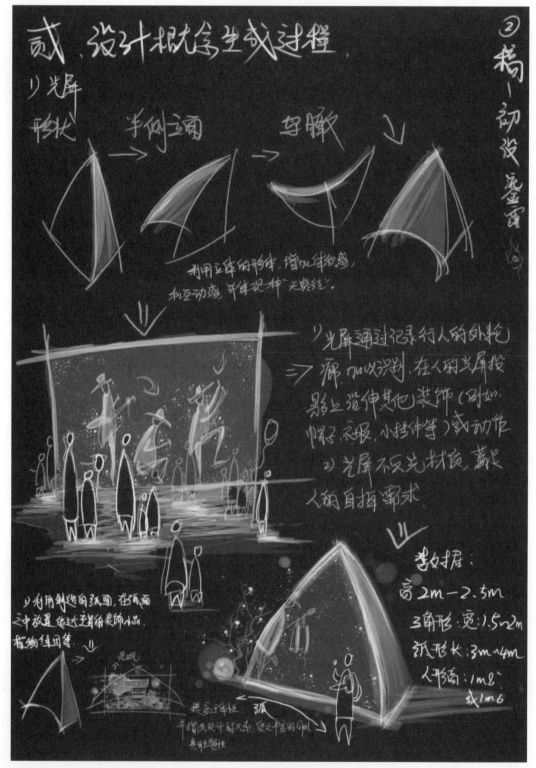

（b）"光屏"

图 2.22　景观小品设计中的概念生成与初步方案

2.5.5　扩初设计

扩初设计阶段主要解决方案中的相关材料、施工方法、结构等问题,科学体现设计理念,合理传达场所精神。设计师需要将方案深化成系统图纸(明确各细部的尺寸、连接关系,确定材料、生产、安装方法),进一步完善设计方案。

2.5.6　施工图设计

设计师在该阶段,利用施工图语言(规范制图,包括图框与图幅、图纸比例、文字与标注等),向施工方传达设计意图、施工工艺、工程材料、技术指标等内容,确保施工有依据。施工图表达主要通过平面图、立面图、剖面图、大样图、节点详图等将景观小品具体化、形象化,使方案能够顺利实现。

2.5.7　设计实施

在设计实施阶段可能会遇到一些实际问题,比如场地、景观、空间环境与景观小品调整、材料工艺、成本概算、安装设施配套等,需要设计师与各部门沟通。在特殊情况下,需要设计人员对方案进行适当的调整,以解决施工中的具体问题。

2.5.8　设计评价与管理

施工结束后,景观小品设计工作进入尾声,但不是结束。设计人员需要收集景观小品的使用状况、使用者评价、经济效益等反馈信息,并且需要关注其日常管理和经营情况,总结经验,为下一次的设计打下坚实的基础。

本章思考题

1.景观小品的创新性体现在哪些方面?
2.观赏生活中的景观小品实例,结合各要素的特征进行分析。
3.用图形语言记录生活中看到的、网络上查到的优秀景观小品作品。

3

景观地面铺装设计

景观地面铺装设计是运用石材、砖、木材等材料,通过艺术手法,充分发挥铺装材料的质感、色彩、构形和尺度等属性来获得丰富的环境铺装,营造宜人的景观空间,提高环境空间的文化品位和艺术质量。

3.1 景观地面铺装的作用

景观地面铺装除了起到空间界定、引导交通视线、提供休息场所、暗示游览速度和节奏的作用外,其对环境的美化作用也越来越受到重视(图3.1—图3.4)。

图 3.1 铺装对空间的界定——遂宁东旭锦江国际酒店

图 3.2 铺装的引导作用

图 3.3　铺装提供休息场所　　　　　　图 3.4　铺装暗示游览速度和节奏

3.1.1　景观地面铺装在古典园林中的美化作用

（1）景观地面铺装与建筑美的融合

景观地面铺装作为中国古典园林中的景观小品，是建筑与自然环境相协调的纽带。景观地面铺装所选的材料中也有方砖、瓦片等建筑材料。将建筑材料用于园林铺地，园林铺地与建筑在材质、色调上就有了呼应，起到了由建筑到园林的过渡作用，使园林与建筑更自然地融合。

（2）景观地面铺装与环境美的协调

宋代造园家计成在《园冶》中写道："惟厅堂广厦中铺，一概磨砖，如路径盘蹊，长砌多般乱石，中庭或宜叠胜，近砌亦可回文。八角嵌方，选鹅卵石铺成蜀锦"；"鹅子石，宜铺于不常走处"；"乱青版石，斗冰裂纹，宜于山堂、水坡、台端、亭际"；"花环窄路偏宜石，堂回空庭须用砖"。厅堂一般选择用方砖平铺、油灰嵌缝、补洞磨面，其能烘托殿堂壮观、高雅的气氛。路径会选择乱石，以营造出天然野趣。庭院深巷，则使用青砖甬道，使园路显得庄重、沉稳。可见，景观地面铺装十分讲究铺装材料与环境的协调。

3.1.2　景观地面铺装在现代景观空间中的美化作用

（1）铺装的艺术性

现代景观中的地面铺装最开始是为了满足人们行走、活动的需要，以实用性为主，其景观性往往被忽略。随着社会经济、文化的发展，人们开始注重生活和环境质量。越来越多的地方开始重视景观地面铺装的艺术效果。现代景观地面铺装将现代美学、平面构成、绘画艺术综合运用，结合其所在的环境空间，营造出具有艺术性、审美性的效果，满足了人们对城市生活深层次的需求。

（2）铺装的精细化设计

设计、施工的精细化是景观小品设计的新要求。景观地面铺装不是独立存在的，它与道路、建筑、绿地、公共基础设施等紧密相连。如果在设计时没有统一考虑、细致规划，就会出现脱节、衔接不顺、杂乱无章等现象，从而影响铺装的景观效果和使用功能。精细化的施工对铺装材料的选择、切割、基层做法、平整度、拼缝宽度等有严格的要求，以保证设计能达到最佳的效果。

3.2　景观地面铺装分类及表现形式

3.2.1　铺装的分类

按照景观地面铺装材质,其分为软质铺装和硬质铺装。

软质铺装主要指草坪和地被植物覆盖的景观地面铺装形式。软质铺装较硬质铺装更具亲和力和感染力,可塑性也非常强。特别是在有大块铺装的区域,通过它可以强化景观的统一协调性。软质铺装一般用低矮的草坪和地被植物进行设计,高度一般不超过 150 mm,便于人们行走和穿越,草坪和地被植物要根据地域、气候等条件进行选择(图 3.5)。

图 3.5　草坪与灌木结合的软质铺装形式

园路和广场一般都采用硬质铺装(图 3.6)。常用的硬质铺装材料有石材、木材、砖、混凝土、新型可回收材料等。在中国古典园林中,多采用青砖、黑瓦及卵石等材料镶嵌拼接成各种精美的图案(图 3.7)。

图 3.6　广场上的铺装　　　　**图 3.7　狮子林中寓意"福寿安康"的卵石的铺装**

3.2.2　铺装的表现形式

1)景观地面铺装采用构成的基本表现形式

在进行景观地面铺装设计的时候,设计师常常将点、线、面三种最基本的元素按照一定的规律来进行构形。常用的基本构成形式有重复、发射、对比等。

景观地面铺装中最常用的构成形式是重复,即使用同一形式的铺装单元连续、反复有规律地排列,从而使整体形象秩序化、统一化。这种铺装形式用在较大尺度的空间能给人一种整齐、有条不紊的感觉,用在较小尺度的空间也能产生有节奏的美感。

发射是由中心向外扩张或由外向中心收缩,能够形成强烈的视觉效果。在大尺度广场的铺装设计中,运用发射的构成形式具有强烈的指向作用;而在道路节点的铺装设计中,运用发射的构成形式能够塑造地面铺装的焦点。

对比主要运用了地面铺装元素在形态、颜色、材质的不同构成形式上的视觉性差异。这种差异的范围很广,如造型中的圆与方,点、线的疏密、曲直,颜色的深和浅等,强烈的反差形成了强烈的对比。一般来说,对比代表了一种张力,在地面铺装景观设计中运用对比能够挑起观看者的情绪反应,为其带来一定的视觉感受。

2)景观地面铺装采用个性化的表现形式

每一个城市都有自己的历史和文化,作为城市的"表皮",我们应该善于利用地面铺装来表达时空,或者根据地面铺装来塑造城市街区的体格、颜面,并与城市整体相协调,形成一个充满个性魅力的城市环境。例如浣花溪公园的诗歌大道,南起万竹广场,北至杜甫草堂南门,全长300多米。整个诗歌大道将中国三千年诗歌的悠久历史空间化、形象化,让游客漫步其中,就好像走进了中国诗歌久远的历史里,更能深刻地体会到中国诗歌的魅力。洋洋大观的诗人名录,也成为人们了解中国著名诗人的窗口。可以说,这是一条展现了中国诗歌三千年发展史的道路,也是回首诗歌三千年发展史的一条诗路。

3.3　景观地面铺装设计要点

景观地面铺装的设计要点主要包括色彩、图案纹样、质感、尺度和意境五个要素。

1)色彩

景观地面铺装一般作为空间的背景,除特殊情况外,很少成为主景,因此其色彩常以中性色为基调,以少量偏暖或偏冷的色彩做装饰性花纹,做到稳定而不沉闷,鲜明而不俗气。如果色彩过于鲜艳,可能喧宾夺主而埋没主景,甚至造成园林景观杂乱无序。

景观地面铺装的色彩应与空间气氛相协调,如儿童游戏场地可用色彩鲜艳的铺装,休息场地宜使用色彩素雅的铺装。灰暗的色调适宜肃穆的场所,但很容易使气氛变得沉闷,使用时应注意(图3.8、图3.9)。

图3.8　休息场地的素雅铺装　　　　图3.9　儿童活动场地的彩色铺装

例如,设计师受南京的本土精神及其周边自然环境的启发,将南京国际博览中心打造成南京新商业区——新区的重要名片。该展厅铺地运用活泼大胆的色调,同时融入钢琴元素(图 3.10)。

2)图案纹样

景观地面铺装以其多种多样的形态、纹样来衬托和美化环境,增加空间美感。纹样起着装饰路面的作用,而铺地纹样因场所的不同又各有变化。通常,与视线相垂直的直线可以增强空间的方向感,而与视线平行的直线则会增强空间的开阔感。另外,一些基于平行的形式(如住宅楼板)和一些成一条直线铺装的地砖或瓷砖,会使地面产生伸长或缩短的透视效果,其他一些形式会产生更强烈的静态感(图 3.11)。

图 3.10　南京国际博览中心　　　　图 3.11　Würth La Rioja 博物馆花园

表现纹样可以用块料拼花镶嵌,划成线痕、滚花,用刷子刷,做成凹线等。

如图 3.12 所示,场地中无序的线条会让人想起自然、树枝、树叶、通道、隧道、河流,设计师通过这些线条形成一个虚拟的网络,并以此划分和联系着整个场地。设计师设法去控制每个不同区域未来的景观,并使其成为互有联系且整体平衡的花园景观。

波士顿艺术学院道路通过设计一种铺装图案来遮蔽花盆形式。这样在地面上建造出一种画布形式,学生能从宿舍楼上感受到它。此外,渗透性铺装材料的这些阴影扮演着双重角色。其作为花盆周围的图案式的齿纹震动带,制止玩滑板。这个图案横穿到邻近的私人道路上,把走廊转变成生活化道路(图 3.13)。

图 3.12　场地铺装中的线条纹样　　　　图 3.13　波士顿艺术学院道路

3）质感

铺装的美，在很大程度上要依靠材料质感的美。材料质感的组合在实际运用中表现为三种方式：

第一，同一质感的组合可以采用对缝、拼角、压线手法，通过肌理的横直、纹理设置、纹理的走向、肌理的微差、凹凸变化来实现组合构成关系。

第二，相似质感材料的组合在环境效果上起中介和过渡作用。如地面上用地被植物、石子、砂子、混凝土铺装时，使用同一材料比使用多种材料容易达到整洁和统一，在质感上也更容易调和。例如，混凝土与碎大理石、鹅卵石等组成大块整齐的地纹，由于质感纹样相似统一，易形成调和的美感。

第三，对比质感的组合，会得到不同的空间效果，也是提高质感美的有效方法。利用不同质感的材料组合，其产生的对比效果会使铺装显得生动活泼，尤其是自然材料与人工材料的搭配，往往能使城市中的人造景观展现出自然的氛围。例如，在草坪中点缀步石，石头坚硬、强壮的质感和草坪柔软、光泽的质感相对比。因此在铺装时，强调同质性和补救单调性小面积的铺装，必须在同质性上统一。如果同质性强，过于单调，在重点处可用有中间性效果的素材（图 3.14—图 3.16）。

图 3.14　同一质感（木质）不同纹理走向　　图 3.15　相似质感之间形成的空间的平衡与过渡（纽约州立大学石溪分校西蒙斯几何物理中心）　　图 3.16　对比的质感，独立的空间（雅加达戈尔卡政党办公楼前铺装）

在进行铺装时，要考虑空间的大小，大空间应粗犷些，可选用质地粗大、厚实、线条明显的材料。因为粗糙，往往让人感到稳重、沉着、开朗，另外，粗糙可吸收光线，让人不晕眼。而在小空间则应选择较细小、圆滑、精细的材料，细质感给人轻巧、精致的柔和感觉。所以大面积的铺装可选用粗质感的材料，细微处、重点处可选用细质感的材料。

如 IBM 大楼广场铺装，其铺装图案呈现出相同的火山石的 3 种动态特征，突出该区域扎根于夏威夷的地理起源。庭院中的石头表面进行磨光处理，捕捉太阳光；或进行火烧，当从高处观看时呈现出暗色，但会发光；或开裂，崎岖斑驳，记录白天和晚上光线的转变（图 3.17）。

4）尺度

铺装图案的大小对外部空间能产生一定的影响。较大、较扩展的形状，会使空间产生一种宽敞的尺度感;而较小、紧缩的形状,则会使空间具有压缩感和亲密感。由于图案尺寸的大小不同以及采用了与周围不同色彩、质感的材料,还能影响空间的比例关系,可构造出与环境相协调的布局。

铺装材料的尺寸也影响其使用。通常,大尺寸的花岗岩、抛光砖等板材适宜大空间,而中、小尺寸的地砖和小尺寸的玻璃马赛克,更适用于一些中、小型空间。但就形式意义而言,尺寸的大与小在美感上并没有多大的区别,并非越大越好,有时小尺寸材料铺装形成的肌理效果或拼缝图案往往能产生更多的形式趣味,或者利用小尺寸的铺装材料组合成大图案,也可与大空间取得比例上的协调(图 3.18、图 3.19)。

图 3.17　IBM 大楼广场铺装　　图 3.18　居住区道路铺装(花岗岩)　　图 3.19　休闲广场中的彩色马赛克

5)意境

景观地面铺装在中国古典园林中的特点如计成在《园冶》中所说,是能让走在上面的人生出"莲生袜底,步出个中来;翠拾林深,春从何处是"的意境,主要强调的是整体协调感。

中国古典园林的竖向景观(空间的分割,借、透、漏等造景的追求,亭、榭、楼、台等建筑的精巧营构,词文匾联的墨色点睛等)所体现的文化是高雅的文士精神,而景观地面铺装所反映的恰是市民"俗文化"的情结。典型的就是运用谐音、双关等手法突出一个铺地景观主题以此来传达园林主人的某些幸福祈望。如拙政园、网师园、留园、狮子林的铺地中都有一幅五只蝙蝠围住正中的一个"寿"字的图案,寓意"五福捧寿",象征园主祈望人生的美满长寿;还有借蝙蝠、梅花鹿和仙鹤三种动物形象来寓意"福禄寿"等(图 3.20)。

图 3.20　中国古典园林中代表"福禄寿"的卵石铺装

现代园林或城市景观中,铺地也发生了变化,特别是引入了西方的一些表现手法,图案内容日渐丰富。但设计时仍需根据整个景观的立意采用不同的图案表现,否则就会出现不协调的现象。因此,在现代的城市景观中应该怎样设计宜时、宜地、宜景的景观地面铺装小品,已经成为当前城市绿地建设整体景观美中需要思考的一个重要问题。

3.4 景观地面铺装小品设计

3.4.1 花街铺装小品设计

花街铺装小品也称"花街铺地",不仅具有装饰效果,还有防滑、净化地面的功用,主要采用碎石片、卵石、碎砖、碎瓦、碎瓷片和碎缸片铺筑。常见的图案有几何纹样,如大角、攒六角、套六角、套钱、球门、芝花等,以及一些动物或植物纹样。以留园为例,用碎瓦构成的各式路路,卵石碎瓷镶嵌出的几何图形,多种废料装点成的梅花、海棠花,甚至还有开屏的孔雀、翔飞的仙鹤、金鱼、各种有寓意的图案等。如金鱼图案的花街铺地中"鱼"与"余"同音,有富余之意(图3.21);"如意"图案,有吉祥如意之意(图3.22);平生三级图案为一只宝瓶中插有三支短戟,"瓶"谐音"平","戟"谐音"级",以此来表示步步高升、官运亨通的美好意愿(图3.23);三角形的卵石铺装表示"山",有稳定坚挺之意(图3.24)。拙政园中的"海棠坞春",由米黄和瓷黑的两种小鹅卵石镶嵌成的海棠图案地景,精致、细密,尺度与庭院空间呼应妥当,十分协调(图3.25)。

图3.21 拙政园中金鱼示意图

图3.22 拙政园中如意示意图

图3.23 拙政园中平(瓶)升三级(戟)示意图

图3.24 拙政园中"山"的示意图

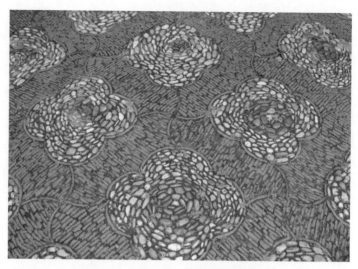

图 3.25　拙政园中的海棠图案地景

现代花街铺地典型图案有自然景观、几何图形、植物花卉、动物临摹等(图 3.26—图 3.29)。

图 3.26　海浪示意图

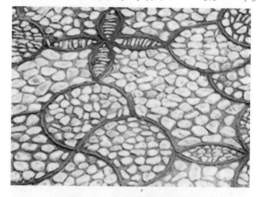

图 3.27　几何图形示意图

图 3.28　花卉示意图

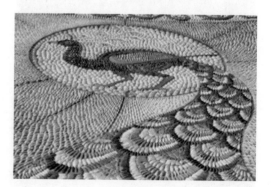

图 3.29　孔雀示意图

◆ 设 计 图 例

　　此设计结构采用大理石材质,其中在大理石镂空部分填充了两种不同颜色的鹅卵石,灰色鹅卵石表示花蕊,黄色鹅卵石表示花瓣(图 3.30)。

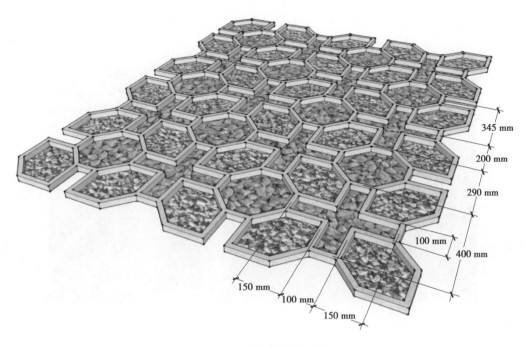

345 mm
200 mm
290 mm
100 mm
400 mm
150 mm
100 mm
150 mm

图 3.30 花街铺地设计图

3.4.2 嵌草铺装小品设计

嵌草铺装小品有两种类型：一种为在块料铺装时，在块料之间留出空隙，其间种草，如冰裂纹嵌草路面、空心砖纹嵌草路面、人字纹嵌草路面等；另一种是制作成可以嵌草的各种纹样的混凝土铺地砖(图 3.31)。

图 3.31 典型的嵌草铺装小品

冬眠的草坪和耐旱本土植物物种在圣地亚哥的地面景观中占支配地位。细心而缜密的排水和坡度设计，营造了近乎平直的中心草坪，由此，罕见的雨水能被收集用以灌溉本土加州枫树，进而在景观铺地上形成真正的室外空间。景观设计师和艺术家共同调整小径的布局并确定艺术品的方位(图 3.32)。

图 3.32　圣地亚哥学术庭院

◆ **设 计 图 例**

　　嵌草铺装用灰色石材作为硬质铺装部分,设计中主要以规则式的硬质铺装对比缝隙草坪草来体现设计特点——生命的律动,使人回味长久,也起到从硬质铺装到软质铺装的过渡(图 3.33、图 3.34)。

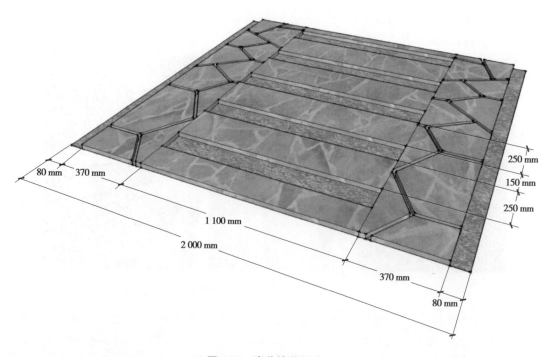

图 3.33　嵌草铺装样式一

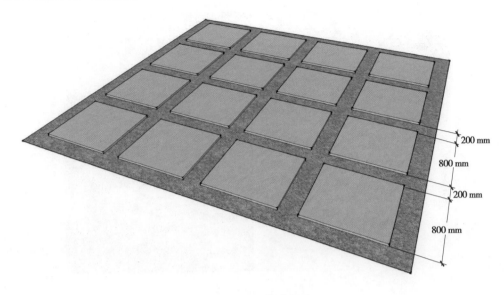

200 mm

800 mm

200 mm

800 mm

图 3.34　嵌草铺装样式二

3.4.3　汀步小品设计

　　汀步是步石的一种类型,指在浅水中按一定间距布设块石,微露水面,让人跨步而过。其材料主要为自然石、加工石、人工石及木质等。木质汀步常见于庭院小路间,材质易腐烂,不能久浸水中。不规则的石质汀步形式,让空间富于变化。汀步铺设在草坪之中能够防止行人践踏草坪。校区、公园内的汀步则可以缓解主道路的人流压力,起到引流的作用,同时还能够让行人更好地享受步道两旁的绿植和景色(图 3.35—图 3.37)。汀步的形式分为自然式、圆形、方形、条形、不规则形等。圆形汀步设置在静水元素上,在似桥非桥、似石非石之间,无架桥之形,却有渡桥之意。而不同长度的条形汀步组合拼贴,密度与跨度均匀合理,在空间中有自然的野趣(图 3.38—图 3.39)。

　　汀步的铺装形式有时可以避免或减少道路对绿地、砂石或水面造成的割裂感,增强景观的完整统一性,有时还可以通过其韵律感起到景观作用。

图 3.35　木质汀步

图 3.36　石质汀步

图 3.37　草坪汀步

图 3.38　圆形汀步

图 3.39　条形汀步

◆**设计图例**

　　王莲汀步铺装小品,设计灵感来源于王莲,将王莲造型进行简化处理后加以不同质感的材质组合而成。整体风格与水面结合,体现自然山水式园林的意境。不同于现代风汀步的设计,王莲汀步铺装小品更具有吸引人的色彩和造型(图 3.40)。花岗岩汀步铺装小品采用黑色系列花岗岩,沉稳大气。面层处理采用荔枝面形式,防滑、耐磨。

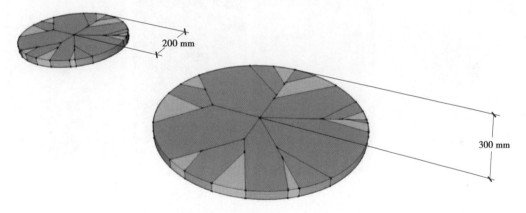

图 3.40　汀步铺装小品设计图一——王莲汀步铺装小品

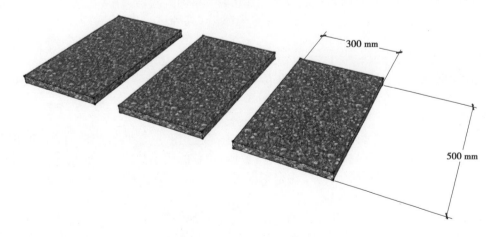

图 3.41　花岗岩汀步铺装小品

◆**设计要点**

①汀步设计应以便于游人行走为原则。

②夜景灯光照明条件较差的地方,应设置地灯。地灯应以弱光为主,避免与眼睛形成对照,降低地灯的功能性。地灯间距应根据品种以及水电协商确定。

③汀步两侧应设置截水沟,以免雨水对汀步造成冲刷,导致损坏,降低使用年限。

④水池中汀步的顶面距水面的常水位不小于 0.15 m,表面不宜光滑,面积一般为0.25~0.35 m^2,汀步中心间距一般为 0.5~0.6 m,相邻汀步之间的高差不应大于 0.25 m,间距一般不大于 0.15 m。

⑤汀步应注意避免与周边铺装、立面铺贴等材料色差过大,以免与周围环境色彩不搭配、不协调。

3.4.4 广场铺装小品设计

在各类景观空间中,为了限定某一空间或强调其等级,都会通过铺装材料的差异,形成界限清晰的边界而划分出不同功能和特质的场所。广场铺装小品就是其中的典型(图 3.42)。广场铺装小品有以下几种设计形式:

图 3.42　广场铺装的形式

(1)线段形式

对于过长的边界区域,打破其机械平淡的直线最简单的方式是,将其划分为几段线段,这样还可以产生内凹空间作为休憩空间或放置创意元素。如果进一步改变线段之间的角度,会形成更具灵活性的空间组合(图 3.43)。

(2)梳状渗透

用梳状细长的形式处理硬质与软质的边缘,可以起到两种元素的柔和过渡,还能通过改变材料和间隙宽度变化而产生多种可能性(图 3.44)。

(3)连续齿轮

齿轮状变化是通过破坏完整性而使细节产生丰富的变化。虽然从整体空间尺度来看还是具有某种轮廓感,但已经是模糊了的线条。这种齿轮状的质感和尺寸一般是根据所用材料的尺寸及其组合模数形成,其具体宽窄组合则根据空间的尺度而定(图 3.45)。

(4)锯齿边缘

与齿轮状相似,锯齿状方式也不强调整体线条的力度感和组合。相比齿轮状强调线条的垂直水平组合,锯齿状边缘的线段更短更自由,甚至产生碎裂感。其由于分裂得足够细而不会产生像里伯斯金那种裂缝式的撕裂感与不安感(图 3.46、图 3.47)。

图 3.43 线段形式的铺装

图 3.44 梳状渗透形式的铺装

图 3.45　连续齿轮形式的铺装

图 3.46　锯齿边缘形式的铺装

图 3.47　锯齿边缘形式的铺装

（5）一体化造型

如果说强烈的边界是建立一条划分明显的界线，那么弱化它的最彻底方法就是把这条边界擦除。而实际上只要存在两种材料或元素，就必然产生边界。因此，想做到最大化的弱化边界,就需要模糊两个元素的独立性,比如地面逐渐变化为立面,使用者会判断这是铺装还是墙面或座凳的问题,从而使人的注意力转移到水平面与垂直面的模糊性上,而不再关注边界本身(图3.48)。

图3.48　一体化造型形式的铺装

(6)细分重叠

想象一下用力拨响吉他的某一条弦,弦从静止的状态变为波动,由原来一条明显的线变成具有重影的模糊的线。而相同的逻辑运用在边界处理上就可以产生一组接近重叠的线,从而达到柔化边界的效果(图3.49)。

图3.49　细分重叠形式的铺装

（7）微差排列

用相同材质或相近质感的材料以不同的方式排列拼砌,可以产生有差异又保持统一感的细部效果。除了排列方式,还可以通过不同尺寸和比例进行重新组合而产生多种可能性。这种微差的方式能给人自然、柔和、轻松的感受(图3.50)。

图3.50　微差排列形式的铺装

（8）元素渐变

这种方式能达到相互渗透的效果,经常被运用在铺装中的局部区域,或作为硬质、软质之间的过渡。这种渐变往往通过两个材料密度的变化和尺寸大小的改变来实现。设计时充分考虑材料的模数关系、切割方式和组合逻辑,会大大提高其可实施性(图3.51)。

图3.51　铺装元素的渐变

(9)图案散布

把一组逻辑清晰的图案投射到边界两侧并进行删减互切,产生穿插跳跃的边界区域。这种方式有两点非常重要:一是图案轮廓要清晰简洁,否则会显得浮夸;二是组合方式和分布应有机地分布于边界附近,并以边界为基准(图3.52)。

图3.52　铺装图案的散布

本章思考题

1.你从中国园林铺装设计中得到哪些启发?

2.列举国内城市景观地面铺装的常见形式。

4

景观构筑物小品设计

景观构筑物小品从广义上讲是指修建于景观环境之中,具有较高美学价值和实用功能的小型建筑。本章所指的景观构筑物小品为廊架、花架、连廊、入口大门等。其构造简单,体量较小,且主要起装饰作用。

4.1 景观构筑物小品的特点

4.1.1 引导性

景观构筑物小品在环境景观空间中,除具有自身的使用功能外,更重要的作用就是把外界的景色组织起来,形成景观空间中无形的纽带,组织空间画面的构图,使景观在不同角度都能有完美的展示。

4.1.2 艺术性

景观构筑物小品由于其色彩、质感、肌理、尺度、造型的特点,本身具有审美价值,也是景观空间中的一景。景观构筑物小品的装饰性能够提高其他景观要素的观赏价值,满足人们的审美要求,给人以艺术的享受和美感。

4.1.3 功能性

除观赏作用外,景观构筑物小品还具有较为明显的功能作用,在空间中为人们提供管理和服务。

4.2 景观构筑物小品的分类

按照功能,景观构筑物小品分为管理与服务类、停留与休憩类、点景类和安全性景观建筑。

4.2.1 管理与服务类景观构筑物小品

该类景观构筑物小品根据使用人群可分为服务类与管理类两种(图 4.1)。前者主要为游人服务,后者主要为管理人员服务。管理与服务类景观构筑物小品在设计上应遵循:

①综合考虑场地的地形地质条件、交通环境等规划布局,使构筑物和环境有机融合。

②充分解析不同类型构筑物的构成模式,从而确定其平面与空间布局。

③在满足使用功能的基础上,注重功能与形式的和谐统一。

(a)某居住区入口门卫   (b)户外电话亭

图 4.1　管理与服务类景观构筑物

4.2.2 停留与休憩类景观构筑物小品

该类景观构筑物小品主要服务对象为游人,是游人在景观环境游憩过程中避风、遮雨、休息的场所(图 4.2)。在布局时,应充分考虑游人量、游人使用需求、游人的结构和心理特征进行合理布局,根据不同景区景点成系统化地布局。在设计上,需根据游人停留时间、停留方式等确定休憩设施的空间布局,满足不同时段、不同年龄人群、不同方式的使用需求。

4.2.3 点景类景观构筑物小品

该类景观构筑物小品在景观环境中主要起点缀景观、提供借景观赏的作用,具有画龙点睛的效果(图 4.3)。在布局时,更应注重其视觉景观效果,充分考虑造景需求与周边环境的关系。在设计上,要切题,标志性景点与构筑物要突出其标示性、识别性。

4.2.4 安全性景观构筑物小品

该类景观构筑物小品的主要功能是为各类景观工程提供安全保障(图 4.4)。在规划布局与设计时,需要先考虑的是工艺流程、结构安全等工程要求。在布局和选择该类构筑物位置时,既需要考虑设备、设施的便捷运输和维修,也要考虑如何限制人的进入。

图 4.2　停留与休憩类景观构筑物——颐和园石船舫

图 4.3　点景类景观构筑物——拙政园小飞虹

图 4.4　安全性景观构筑物——消防亭

4.3　景观构筑物小品的设计要点

4.3.1　色彩

　　景观构筑物小品的色彩是环境空间中最富有情感表现的因素,能展现景观构筑物小品整个造型的个性,也能反映环境的风格倾向。景观构筑物小品的色彩处理得当,会使景观空间更具艺术表现力。

4.3.2　材料

　　景观构筑物小品的材料随着技术的提高,选择的范围越来越广,样式越来越多样化。材料科技的快速发展,使设计空间充斥着各种质地的材料,如高分子复合材料等,极大地丰富了景观构筑物小品表现的语言和形式。

4.3.3 造型

景观构筑物小品是具体的、能感受的实体,其造型要充分反映环境空间的特色,通过点、线、面和整体的统一造型设计创造其独特的艺术装饰效果(图4.5)。

图4.5 具有艺术造型的景观建筑小品

4.3.4 空间

景观构筑物小品与周围环境共同塑造出一个完整的视觉形象,同时赋予空间主题,通常以其小巧的体量、精美的造型来装饰空间,从而提高整体环境景观的艺术境界。例如,在亭廊下营造出休闲、交流的空间;在趣味型廊架中构建出娱乐玩要的空间(图4.6)。

(a)休闲、交流的空间　　　　　　　　　　(b)娱乐玩要的空间

图4.6 景观构筑物小品营造出不同的空间

4.3.5 比例与尺度

比例与尺度作为衡量空间及物体的标准,在景观构筑物小品的设计中是否合理运用会直接影响人们对其的生理感受和心理感受。景观构筑物小品尺度适宜,不仅能让人感觉舒适、方便,更能让人们得到视觉上的享受,从而使景观的价值得到体现与升华。

4.4　入口、大门的设计

入口、大门是城市与外部环境的连结点,它和城市的道路、广场、街区等一起组成城市的空间体系,对城市景观的塑造起着重要的作用(图4.7)。入口、大门是建筑群体空间序列的起点,具有防卫、交通、文化等功能。所以,设计这类景观构筑物时要有标识性,与环境风格一致,使之成为景观亮点。

图4.7　入口、大门对城市景观的塑造

4.4.1　大门、入口的特性

(1)方便性

入口、大门的主要作用是空间的转换和过渡,从人性化角度考虑,需要显著地标识出园区的出入口的等级、方向和特点,从而方便出入,提高区域的易达性。

(2)安全性

入口、大门所处地带相对比较复杂,其设计必须考虑安全性,控制、引导行人和车辆的出入与聚散,整体规划供电排水。

(3)形态属性

入口、大门具有突出、醒目的面貌,是空间环境的代表和象征。其通常以本身的优美造型构成环境景观中的一景。纪念性的入口、大门一般采取对称的构图手法。此类大门庄严、肃穆(图4.8)。游览与观赏性入口、大门一般采取非对称的构图手法或曲线造型,以求达到轻松活泼的艺术效果。专业性公园大门如能结合园区专业特性考虑则更具个性和特色(图4.9)。

图 4.8　孙中山陵园入口

图 4.9　南京红山森林动物园大门

4.4.2　入口、大门的分类

　　随着现代景观构筑物小品的快速发展,其入口、大门的造型不断推陈出新,类型也不断丰富。其造型结构可分为五种:牌坊式、门廊式、墙垣式、屋宇式及其他形式(图 4.10)。

(a)重庆磁器口牌坊式大门

(b)济南森林公园门廊式大门

(c)拙政园墙垣式大门

(d)恭王府屋宇式入口

图 4.10　常见大门、入口景观建筑小品形式

◆**设计图例**

该公园大门设计以石文化为主题,主景观采用冰川层岩,用丛竹点缀,体现自然之美(图4.11、图4.12)。

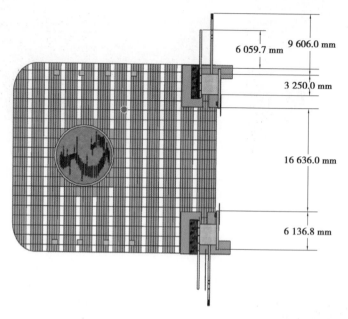

图4.11 公园大门入口平面图

图4.12 公园大门入口立面图

◆**设计要点**

①入口、大门位置的选择既要参考场地外部交通环境,也要根据不同环境的规模、客流量及现有道路等因素而定。

②一般主要出入口多位于城市主干道一侧,在不同的位置还要设计若干次入口。

③依照园区入口、大门的空间功能来选择其空间大小和形式。

④入口、大门外部广场空间具有疏导交通、组织人流车流、车辆停放等功能。

⑤内部序幕空间包括景点介绍、售票、游客休息、售卖工艺品、卫生间位置等。

4.5 亭的设计

亭是城市公共空间中较常见的景观构筑物,可供游人休息、游览观赏、遮阳避雨,同时又可划分空间层次。亭的体量小巧、结构简单、形态多样,选址极为灵活,易于增加环境的景致。

4.5.1 亭的分类

现代景观亭多位于场地节点的重要位置(如道路一侧、广场、水边、景观序列的转折点等),造型活泼自由,形式多样。依据设计风格的不同,亭分为新中式亭、仿生亭、新材料结构型亭、智能亭等。

1)新中式亭

新中式亭是将传统中式亭结构通过重新设计组合后,提炼传统文化内涵为设计元素,融合现代人的审美眼光,根据不同的功能需求,采取不同的处理手法建的亭(图4.13)。

(a)苏州博物馆的新中式亭　　　　(b)苏州海胥澜庭新中式亭

图 4.13　新中式亭

2)仿生亭

仿生亭是仿生建筑的一种,其利用现代工艺模仿生物界自然物体的形体及内部组织特征(图4.14)。

(a)ICD/ITKE亭实景图　　　　(b)灵感源于生活并居住在水泡中的
水蜘蛛的建巢方式

图 4.14　仿生"水泡"——斯图加特大学 2015ICD/ITKE 研究亭

3)新材料结构型亭

新材料结构型亭是指采用金属、混凝土、实木、玻璃、塑料瓦等新材料和新技术建亭,为景观建筑小品创作提供了更多的方便条件(图4.15)。

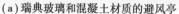
(a)瑞典玻璃和混凝土材质的避风亭　　(b)以钢材为骨架,以木材包覆外边的哥伦比亚
植物园蜂巢景观亭

图4.15　新材料结构型亭

4)智能亭

智能亭结合网络技术或光、电、声技术设计,将科技直接植入城市生活。

位于法国巴黎香榭丽舍大街上的一个智能亭,在设计上综合考量了人工智能、节能环保、雨水设计、植物设计,不仅能遮挡阳光,为人们提供座椅,还提供高速的Wi-Fi接入以及包含城市服务信息和指南的触摸屏。其造型像由树桩托起的绿色花园,精心打磨的混凝土座椅配有插座和休息小台面,方便人们使用(图4.16)。

图4.16　法国巴黎香榭丽舍大街上的智能亭

4.5.2　亭的特点

每个亭都有其自己的特点,在设计时要根据整个环境的布局以及使用者的需求进行设计。

1)亭的造型

亭的造型主要取决于其平面形状、平面组合及屋顶形式等。在造型上,要结合具体地形,以娇美轻巧、玲珑剔透的形象与周围的建筑、绿化、水景等结合构成园中一景(图4.17)。另外,要根据民族的风俗、爱好及周围的环境来确定其色彩。如香港悠酷凉亭,28 个不同物料做成的大小不一的圆盖子立在柱子上,当风吹动圆盖子上的条子时,条子上的漂亮颜色在夕阳下折射出七彩的影子(图4.18)。

图 4.17　武汉园博会景观亭

图 4.18　香港悠酷凉亭

2)亭的使用功能

在使用功能上,除满足休息、观景和点景的要求外,亭还有许多其他功能,像图书阅览、摄影服务、演出、销售、卫生间等。如 Pauhu 表演亭就是一个开放的舞台、一个自由表现和表演的场所(图4.19)。

图 4.19　芬兰街头"互动"表演亭"Pauhu"

3)亭的色彩

亭的色彩要根据环境、风俗、地方特色、气候、爱好等来确定,由于沿袭历史传统,南方与北方不同,南方多以深褐色等素雅的色彩为主;而北方则受皇家园林的影响,多以红色、绿色、黄色等艳丽色彩为主,以显示富丽堂皇。建筑物不多的园林以淡雅的色调为主(图4.20)。

图 4.20　北方色彩艳丽的琉璃瓦亭和南方淡雅的青瓦亭

◆ **设计图例**

　　该设计以高矮胖瘦不一的蘑菇为原型,其呆萌外形与鲜艳的色彩充满童趣,满足孩子们心中对五彩斑斓的童话世界的幻想。蘑菇亭由两个高矮不一的纤细蘑菇与一个膨胀的丰满蘑菇组成,外形的相像使小品群更具有整体性。其中最矮的蘑菇亭可容许小孩攀爬游玩,而膨胀丰满的蘑菇更像一个小屋子,容许小孩子进入穿行,增加小品与人之间的互动(图 4.21)。

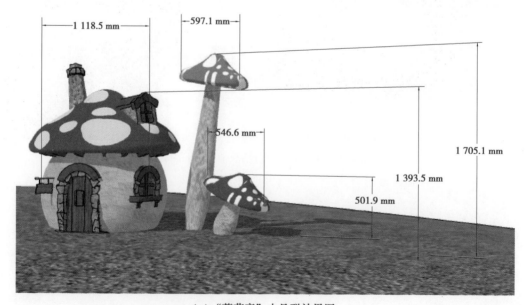

(a) "蘑菇亭"小品群效果图

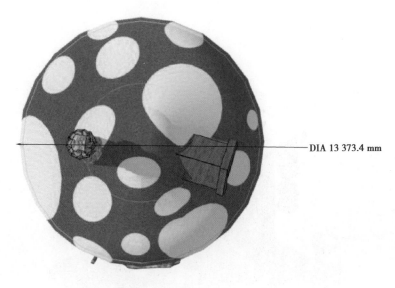

(b)"蘑菇亭"平面图

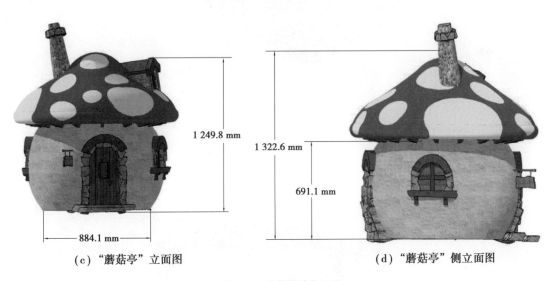

(c)"蘑菇亭"立面图　　　　　　(d)"蘑菇亭"侧立面图

图4.21 "蘑菇亭"小品

◆ 设 计 图 例

该设计为新中式风格景观亭,整体造型为规整长方体,景观亭的四面围墙做镂空处理,形成单面门洞形式。圆洞门采用混凝土材质,镂空部分采用木质材料,在材料的处理上形成鲜明对比,在体现中式风格的同时,讲求材料间结合的新颖。景观亭四角均有中国传统灯笼造型,地面两角同样设置方形灯笼小品,在形式上形成呼应和统一。

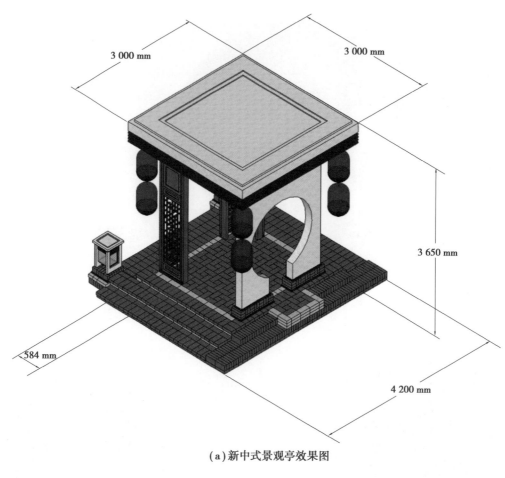

(a)新中式景观亭效果图

(b)新中式景观亭平面图

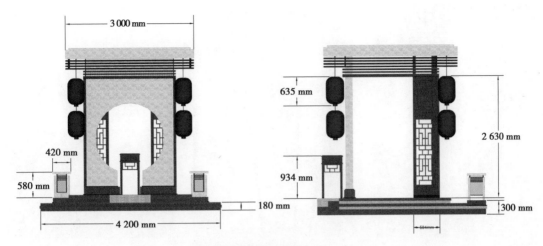

(c)新中式景观亭立面图

图 4.22 新中式景观亭

◆ **设计要点**

①木结构亭适用于楼间距较小的组团景观,材料以红柳桉为主。

②楼间距较大或中央景观带区域优先考虑钢筋混凝土亭,选择同建筑立面相适的面饰,具有体量大、后期使用维护成本低的优点。

③木结构亭的檐口高度宜在 2.4 m 左右,宽度为 2.4~3.6 m,立柱间距宜在 1.8~3 m。

④亭的屋顶的排水不安排在亭的主入口方向。

⑤考虑到后期维护和安全问题,不建议使用纯铁艺亭、钢化玻璃亭。

4.6 廊的设计

廊是亭的延伸,是指屋檐下的过道、房屋内的通道或独立有顶的通道,包括回廊和游廊,具有遮阳、防雨、小憩等功能,是构成建筑外观特点和划分空间格局的重要手段。

在城市景观空间中,廊的运用十分自由、灵活,其柱跨度较大,造型依环境而变化,多采用平屋顶形式,以钢、混凝土、塑料板等现代建筑材料为主(图 4.23)。

在现代,很多新材料使廊架在高度、跨度、弧度上更自由,使其形状更加多变。疏朗、开敞、空透、灵动,逐渐成为廊架的设计时尚(图 4.24)。

在结构形式上,廊架以架空为多,基于雨雪天绿地中游人较少的原因,现代景观廊架遮风避雨的功能正在减少,同时廊架的观赏性越来越受重视。因此从观赏角度来讲也更加强调仰视、俯视以及远观、近观的效果,增强廊架与环境的融合性(图 4.25)。

图 4.23　不同材料的廊架建筑

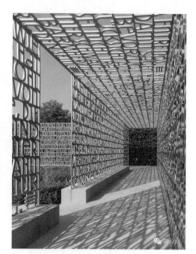

图 4.24　新材料的使用使廊架更加多元化

图 4.25　廊架的观赏性

　　廊架通常设置在风景优美的地方供休息和点景,也可以和古典亭、廊、水榭等结合,组成外形美观的园林景观群。在居住区、广场、道路、儿童游戏场中设置廊架不仅可以供人休息、遮阴、纳凉,还能增加人群的人文素养(图4.26)。

图4.26　人们在廊道中产生的活动

　　波兰华沙维斯瓦河滨河景观大道上有部分景观廊,不仅可以为休闲社交活动提供场所,还可以在洪水暴发时成为临时的防洪设施(图4.27)。

图4.27　波兰华沙维斯瓦河滨河景观大道上的景观廊

◆ 设 计 图 例

　　该小品设计灵感来源于变形金刚“大黄蜂”,其风格为现代工业风,集功能性与观赏性于一体。廊架底部有多个座椅,为人们提供休憩场所。配置暖色 LED 灯光,营造悠闲的氛围。整个造型以几何元素、有机玻璃与有机塑料相结合,形成光影效果(图4.28、图4.29)。

图4.28　现代廊架设计效果图

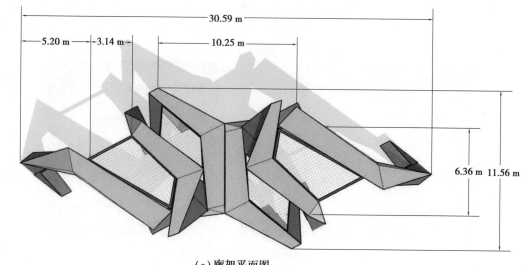

(a)廊架平面图

(b)廊架立面图

图 4.29　廊架设计图

◆ **设计要点**

①平面设计,根据廊的位置和造景需要,其平面可设计为多种形式。

②立面设计,突出表现虚实的对比变化。常用线、面等构件,使空间有分有合,阁中有透,层次分明。

③出入口设计,廊的出入口一般布置在廊的两端或中部某处,以及方便人流集散的地方。

④结构,廊受地形条件的束缚较少,结合周边环境其结构可采用木结构、砖石结构、钢及混凝土结构、竹结构等。

⑤材质,现代园林中,廊多为若干种材质的组合而成,不仅满足其实用的功能,也使其更具美观性。

4.7　景墙的设计

景观小品中的墙特指划分空间、组织景色、安排导游、装饰环境的景墙,以及保持水土、隔断、围护功能的挡土墙等。墙一般由石头、砖和水泥建造而成,分为独立景墙和挡土墙。独立景墙是单独存在的,起分割空间或视线、引导、点景等作用。挡土墙是在斜坡或一堆土方的底部,防止泥土的崩散。

4.7.1 景墙的作用

1)制约空间

墙体可以在垂直面上制约和封闭空间,墙体越高、越坚实,空间的封闭感越强(图4.30)。低矮的墙体能暗示空间,而当墙体与观赏者之间的高度与视距为1:1时,墙体便能完全封闭。

2)遮挡视线

限制空间的墙体也会影响空间的视线。一般来说,室外休息空间的私密性可以使用较矮小的墙和栅栏。漏墙可起部分屏障作用(图4.31)。其漏空部分不能使视线完全穿过墙体,会造成虚实的变化,加上大小、明暗的相互作用,使场景"通而不透,隔而不漏"。

图4.30 墙体越高越能形成垂直空间上的制约

图4.31 漏墙的通透感降低了对视线的阻碍

3)分割空间

在景观空间设计中,需要依据其功能、用途将不同的空间布置在一起。景墙能使这些不同用途的空间在彼此不干扰的情况下共存。如纽约市的现代艺术博物馆,其内雕塑园四周的围墙能使人们尽情地享受园内宁静的气氛,不受干扰地欣赏雕塑作品(图4.32)。澳大利亚墨尔本朗斯代尔街上有一组连续景墙,设计中运用了中国红和中国祥云元素,在满足其屏蔽公共汽车中转区域的使用功能的同时也带来了艺术审美性(图4.33)。

图4.32 纽约市现代艺术博物馆雕塑园

图 4.33 朗斯代尔街景墙

4)充当休息座椅

低矮的墙体在充当其他功能角色的同时,也可作为休息的座椅。墙体的这种作用既满足了大量游客的就座需要,又避免了长凳太多,影响美观的情况。为了符合人体工学,使人就座舒适,墙体必须高于地面 46 cm,宽度应为 32 cm 左右(图 4.34)。因此,景墙在高度上稍加处理便能体现休息功能。

图 4.34 具有座椅功能的景墙

5)形成景观

墙体置身于室外空间环境中本身就能成为景观,是产生视觉趣味的因素(图 4.35)。不同的材料或光线的变化相互作用,都能够形成不同的墙面图案。若直接在墙面做出色彩、纹理或图案,例如雕刻或者壁画,也能产生艺术性的视觉效果(图 4.36)。

图 4.35 景墙设计产生的视觉趣味性　　　　图 4.36 墙体材质不同,产生不同的图案

4.7.2 景墙的分类

现代景墙在传统围墙的基础上注重与现代材料和技术相结合。根据材料的不同,可分为石面墙、木栅墙、砖墙、钢管墙、混凝土立柱铁栅墙等。根据其构景形式,可分为以下三种类型。

①独立景墙,将一面墙独立安放在景区中,使其成为视觉焦点(图4.37、图4.38)。

②连续景墙,以一面墙为基本单位,连续排列组合,使景墙有一定的序列感(图4.39)。

③生态景墙,合理种植藤蔓植物,并利用植物的抗污染、杀菌、滞尘、降温、隔声等功能,形成既有生态效益,又有景观效果的绿色景墙(图4.40)。

图 4.37　上海水悦堂入口景墙

图 4.38　马丁路德金大道上的弧形独立景墙

图 4.39　澳大利亚 Bunurong 纪念公园墓地

图 4.40　生态景墙

◆ 设 计 图 例

该设计为水景与灯光结合的现代风格景墙,通过动态的水体形成水幕。整个景墙采用大理石砖,动静结合的景墙上镶嵌 LED 灯,让整个景墙在夜晚也有淡淡的幽静之美(图4.41)。

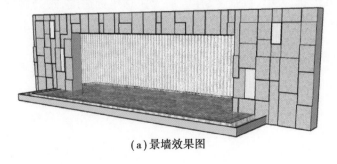

(a)景墙效果图

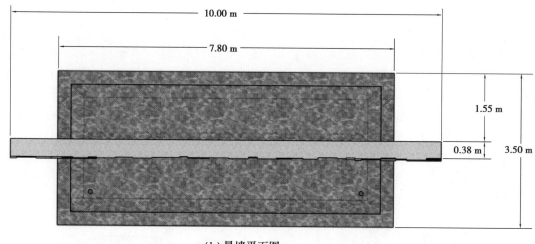

（b）景墙平面图

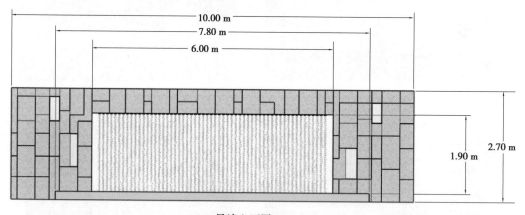

（c）景墙立面图

图 4.41　景墙设计图

◆ **设 计 要 点**

①位置选择。只有从园林造景的需要、景物关系、视线、游人路线等方面统一考虑，才能确定框景、对景、障景构景手法。景墙位置一般选择地形、地貌变化的交界处，景物变化的交界处和空间变化的交界处。

②造型与环境。造型要完整，构图要统一，形象应与环境协调一致，墙面上虚设漏窗、门洞或花格装饰时，其形状、大小、数量、纹样等均应注意比例适度，布局有致，以形成统一的格调。景墙应与园林环境相互衬托，同时借助周围的花草、树木、山石、水池等陪衬，使效果更生动。

③材料的选择。景墙既要美观，又要坚固耐久。就地取材，能体现地方特色，又具有经济效果。各种材料均可选用，并可组合使用。常用材料有砖、混凝土、花格围墙、石墙、铁花格围墙等。

4.8　栏杆的设计

栏杆是城市空间中的重要组景小品构件,其量大、范围广,起安全防护、导向、分隔空间的作用。同时,有设计感的图案和形状也能装饰环境(图4.42)。

图4.42　德国柏林街头栏杆的涂鸦艺术

4.8.1　栏杆的分类

从形式上看,栏杆可分为节间式与连续式两种。前者由立柱、横挡及扶手组成,扶手支撑于立柱上;后者具有连续的扶手,由扶手、栏杆柱及底座组成(图4.43)。从材质上看,栏杆可分为木制栏杆、石栏杆、不锈钢栏杆、铸铁栏杆、铸造石栏杆、水泥栏杆、组合式栏杆。

(a)节间式栏杆　　　　　　　　　　　　　　(b)连续式栏杆

图4.43　栏杆的形式

4.8.2　栏杆的尺度

栏杆的尺度按需而择,低栏高度在0.2~0.3 m,应用在草坪、花坛、小园路边缘等,既可明确边界,也可以装饰和点缀环境;中栏总高在0.8~0.9 m,栏杆格栅间距0.15 m,应用在限制入内的空间,人流拥挤的广场、游乐场、车行道附近等,起导向作用(图 4.44);高栏总高在 1.1~1.3 m,栏杆格栅间距 0.13 m,应用在高低悬殊的地面、动物笼舍、外围墙等,起分隔作用(图 4.45)。

图 4.44　纽约市曼哈顿第五大道上的
黄色街头护栏

图 4.45　旧金山多帕奇
绳索步道栏杆

4.8.3　栏杆的材料

不同材料体现不同风格特色,栏杆的材料有石、木、竹、混凝土、铁、钢、不锈钢等,现最常用的是型钢与铸铁、铸铝的组合。铸铁、铸铝可以做出各种花型构件,美观通透,缺点是不够坚硬、损坏后不易修复,因此常常用型钢作为框架,取两者的优点而用之。竹木栏杆朴实、自然、价廉、易于加工,常用在自然式园林中,营造天然、质朴的意境,其不足之处是耐久性差,使用时需要做防腐处理(图 4.46)。

(a)铸铁栏杆　　　　　　　　　(b)竹木栏杆

图 4.46　不同材质的栏杆

◆ 设计图例

该栏杆由钢化玻璃、铝材和钢材组成,高度满足人体工学,便于倚靠,达到分隔空间和保护场地使用者安全的作用(图4.47)。

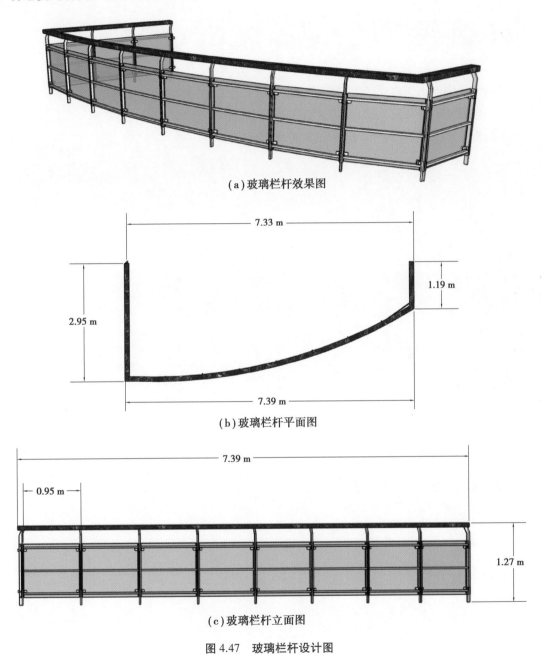

(a)玻璃栏杆效果图

(b)玻璃栏杆平面图

(c)玻璃栏杆立面图

图4.47 玻璃栏杆设计图

◆ 设计要点

①栏杆设计应考虑安全、适用、美观、节省空间和施工方便等。

②低栏杆要防坐防踏,外形有时做成波浪形,有时直杆朝上。

③中栏杆在需防钻的地方,净空不宜超过 0.14 m;在不需防钻的地方,造型优美是关键,栏杆还可做成坐凳式或靠背式,但要注意儿童的安全问题。

④高栏杆要防爬,因此下面不要有太多的横向杆件。

本章思考题

1.结合实例谈谈国内景区大门的特征及发展。

2.综合景墙的特征及功能,谈谈景墙在景观中的作用。

3.分析亭的类型,举例分享你所搜集的现代亭廊。

5

景观雕塑设计

雕塑,是造型艺术的一种,是雕、刻、塑三种创制方法的总称,是用各种可塑材料(如石膏、树脂、黏土等)或可雕、可刻的硬质材料(如木材、石头、金属、玉块、玛瑙、铝、玻璃钢、砂岩、铜等),创造出具有一定空间的可视、可触的艺术形象,借以反映社会生活,表达艺术家的审美感受、审美情感、审美理想的艺术。雕和刻减少可雕性物质的材料,塑堆增加可塑物质性材料来达到艺术创造的目的。从广义上讲,雕塑泛指带有塑造、雕琢的物体形象,并具有一定的三度空间和可观性。其题材大多是人物和动物的形象,也有植物、山石及抽象的几何形体的形象,多用于室外空间。

雕塑小品给人的印象一般是独立于环境的一个具体的造型构筑物,但现代景观雕塑设计倾向于将雕塑小品融入环境,配合景观构图,表现景观主题,丰富景观内容,赋予景观独特的精神内涵及艺术魅力。许多优秀的雕塑小品还能成为城市的标志。

雕塑的产生和发展与人类的生产活动紧密相关,同时又受各个时代宗教、哲学等社会意识形态的直接影响。西方古代时期的雕塑在很长的一段时间里主要是为图腾、魔法和宗教服务,如大洋洲雕塑最著名的是复活节岛上的巨大石像(图5.1)和印度神话中的象狮(图5.2)。新石器时代的石雕、骨雕、人像和彩塑头像等,反映了人类对自然力和动物的崇拜以及认识人本身、认识世界的过程。秦始皇兵马俑则再现了两千多年前的帝国大军的威势(图5.3)。所以说,雕塑是时代、思想、情感及审美的结晶,是社会发展形象化的记录。

图 5.1　复活节岛上的巨大石像

图 5.2　印度神话中的象狮

图 5.3　中国兵马俑

5.1　雕塑的分类

5.1.1　按艺术形式分类

1)具象雕塑

即以写实和客观再现对象为主的雕塑形式,在城市休闲广场、纪念性广场雕塑中应用较广,给人亲切而真实的感受。如南京大屠杀纪念馆入口处的逃难人物雕像群(图5.4)。这类雕塑的尺度比真人略大,形象逼真,给人强烈的感情震撼。

2)抽象雕塑

即对客观的形体加以主观的概括、简化或强化,并用抽象的符号表现出来,具有强烈的视觉冲击力和后现代艺术气息(图5.5)。

图 5.4　具象雕塑

图 5.5　抽象雕塑

5.1.2　按普通形式分类

1)圆雕

圆雕是指不依附在任何背景上,对形象进行全方位的三维立体塑造的雕塑。它的空间感十分强烈,可以从多角度去欣赏。圆雕作为雕塑的造型常用手法之一,应用范围极广,也是老百姓很喜欢的一种雕塑形式(图 5.6)。

2)浮雕

浮雕是依附在特定的物体表面,刻画出凸起的形象,一般只能从正面或侧面来进行观赏,是介于圆雕和绘画之间的艺术表现形式。按照表面凸起厚度,浮雕又分为高浮雕、浅浮雕、线刻等。

高浮雕是指压缩小,起伏大,接近圆雕,甚至是半圆雕的一种形式,这种浮雕立体感强,视觉效果十分突出。如瓦当的图案设计优美,字体行云流水,极富变化,有云头纹、几何形纹、动物纹、饕餮纹等,为精致的艺术品,属于我国特有的文化艺术遗产(图 5.7)。

浅浮雕压缩大,起伏小,既保持了建筑式的平面性,又具有一定的体量感和起伏感。祥云在中国古代寓意吉祥,因此在建筑上使用更多,用具器物上也能经常看见(图 5.8)。

图 5.6　圆雕形式

图 5.7　高浮雕斧头瓦当

图 5.8　浅浮雕石柱祥云

线刻则是绘画与雕塑的结合,它靠光影产生,以光代笔,甚至有一些微妙的起伏,给人淡雅含蓄的感觉。线刻还有阴刻与阳刻之分(图5.9)。阴刻是将笔画显示平面物体之下的立体线条刻出。刻字的一面,字体或图案被挖空,只留下字体以外的部分。阳刻是指凸起形状,是将笔画显示平面物体之上的立体线条,留着字体或图案本身,刻掉剩余的所有部分。

图5.9　线刻中的阴刻和阳刻

3)透雕

透雕介于圆雕和浮雕之间,它是在浮雕的基础上,单面或双面镂空某些地方,形成虚实对比。透雕虚实相间,变化多端,虚空间与实空间的轮廓线相互转换(图5.10)。

图5.10　透雕

5.1.3　按功能分类

1)纪念性雕塑

纪念性雕塑多用于纪念重要的人物和重大历史事件,是以历史上或现实生活中的人或事件为主题制作的。其一般被安置在特定环境或纪念性建筑物的空间环境中,具有永久、固定的性质,在环境中处于视觉焦点的位置,起控制和统帅全局的作用。此类雕塑并不以造景为主,更多的是寄托人们的纪念之情,因此周围的环境要素和平面布局都必须服从雕塑的总立意。如雕塑群"第一代"就展示了5个赤裸男孩跳入河中游泳的情景。此雕塑群所示是第一代移民到新加坡的孩子常常爱好的活动,以此来纪念新加坡第一代移民的日常生活(图5.11)。

2）主题性雕塑

主题性雕塑是指在特定的环境中，为表达某些特定的主题而设置的雕塑。此类雕塑能增加环境的文化内涵，弥补环境表意的功能，点明主题，甚至升华主题，具有纪念、教育、美化、说明等作用。主题性雕塑一般以城市建筑和建筑环境为主题，紧扣城市的环境和历史，让人们可以看到一座城市的身世、精神、个性和追求。如卢森堡政府在 1988 年赠给联合国的黑色青铜雕塑"打结的手枪"，枪管被卷成"8"字形，打上一个结，名曰"打结的手枪"，表达了"放弃暴力、禁止杀戮、向往和平"的主题(图 5.12)。

图 5.11　纪念性雕塑——第一代　　　　图 5.12　主题性雕塑——打结的手枪

3）装饰性雕塑

现在城市之中，除了主题性雕塑、纪念性雕塑，又出现一批了以装饰和美化城市环境为目的的装饰性雕塑。装饰性雕塑在环境空间中起装饰、美化作用。它不强求鲜明主题或思想内涵，但强调环境的视觉美及姿态美。其主要目的就是丰富景观空间、美化园林环境、陶冶情操，满足人们的游览观赏、培养人们对美好事物的追求等。装饰性雕塑的题材非常广，包括人物、动物、民间传说、风俗人情、立体图形等，还常与喷泉、地形、照明等元素相结合。

"Tokyo Garden Cube Sculpture Device"，是鹿岛基金会雕塑比赛的金奖作品，灵感来自太阳的生命力。方形、球形和十字形是该雕塑的基础元素，也是极简主义的代表。它以清晰的立方体为轮廓，让密集的水平圆圈堆叠勾勒出球体，让球形看起来是浮动的(图 5.13)。

图 5.13　装饰性雕塑——Tokyo Garden Cube Sculpture Device

4)功能性雕塑

功能性雕塑是将艺术与实用功能相结合的一种雕塑。功能性雕塑其首要目的是实用,比如公园的垃圾箱、休息设施、照明器具等。制作功能性雕塑时应首先考虑实用性,在实用的基础上再进行美化。如韩国现代艺术家李宰孝(Jae Hyo Lee)的雕塑座椅。这个系列的作品以木材为原料,给人们带来贴近自然的感觉。其创作风格独特,造型简单但却有着强大的功能性(图5.14)。

图5.14　功能性雕塑——李宰孝的雕塑座椅

5.1.4　按材料分类

1)石材

石材种类丰富,硬度高,耐腐蚀,且具有十分有特色的肌理质感,给人沉稳、厚重的感觉。国外对于石材的运用,可以追溯到古埃及、古希腊时期。埃及的狮身人面像,文艺复兴时期米开朗基罗的大卫雕塑就是石材雕塑的精品(图5.15、图5.16)。

图5.15　狮身人面像　　　　　　　　　图5.16　大卫雕塑

石材中,花岗岩、大理石和砂岩是比较常见的类型。花岗岩是最常见的一种岩石,多为浅肉红色、浅灰色、灰白色,质地坚硬,很难被酸碱或风化作用侵蚀,再加上其特有的质地和纹路,保证了雕塑小品的耐久性和观赏性,因此被广泛使用在景观雕塑小品中。

大理石原指产于云南省大理的白色带有黑色花纹的石灰岩,后来把各种带有颜色花纹的石灰岩统称为大理石。大理石有较高的抗压强度和良好的物理化学性能,易于加工,纹理清晰,光滑细腻,亮丽清新。

砂岩是一种沉积岩,通常呈淡褐色或红色。使用砂岩制作的雕塑,吸潮,抗破损,户外不风化,水中不溶化,不长青苔,易清理。同时,砂岩雕塑色彩柔和,素雅而温馨,协调而不失华贵(图5.17)。

图 5.17　雕塑小品中石材的应用

2)金属

金属类材质的小品既可以设计成具有历史感与沉稳感的主题景观小品,又可以在现代风格的景观中追求新颖和时尚。金属类景观小品可以较快速地塑造出简单的规则形体,对于创作简练、规整、装饰感强的景观雕塑小品较为适用。

锻铜适合制作抽象雕塑作品和简约化的具象雕塑作品,雕塑线条流畅简洁,表面处理细腻而肌理丰富,经酸处理做旧后效果更加具有视觉美感,作为浮雕材料使用广泛(图 5.18)。

铸铜雕塑是雕塑文化艺术的重要组成部分。当代铸铜雕塑在传承传统铸铜艺术的基础上,吸纳了丰富的艺术元素,技术上不断革新,使其在艺术理念、表现主题和艺术形式上发生了根本变化,已经成为表现人民群众精神文化生活,承载时代精神的重要文化载体和文化符号(图 5.19)。

图 5.18　常用作浮雕材料的锻铜材质　　　　图 5.19　铸铜雕塑

不锈钢雕塑光洁透亮,表现力极强,整体简洁大方,又具有耐酸、耐盐碱、耐腐蚀等诸多优点,所以城市雕塑多为不锈钢雕塑(图 5.20)。

图 5.20　成都太古里的"漫想"雕塑——不锈钢
材质

3)木材

景观小品以木材为生产材料主要是为了凸显自然、生态和沉稳等特性。木材在公共绿地及庭院小品中均得到广泛应用。因摆放位置的特殊性,应选择坚硬耐用、耐腐蚀的木材,以便其本身的自然美能更好地发挥,为景观小品增色。如图 5.21 所示,设计者利用木条板的角度变化,创造出一种视觉通透感,为人们提供轻松、沉思,以及社交等多项功能。

图 5.21　木质景观雕塑

木材的低导热性与钢结构和天然石材形成了明显的反差,木质景观小品能给人冬暖夏凉和健康舒适的感觉,这正是园林"以人为本"的精神的体现。木材的天然性与环保性,也是其他硬质材料所不及的。当然,木材也有其与生俱来的缺陷,如翘曲、变形和开裂是露天景观小品最常见的现象,因为木材的心材和边材胀缩率不一致,处在室外环境中的木材的吸湿与平衡含水率必将随空气温度、湿度的变化而变化,从而引起上述现象。

4)有机高分子材料

有机高分子材料从 20 世纪问世开始便广泛应用在制造业。其中,玻璃钢是以树脂为主要原材料,通过玻璃、塑料等物质对树脂补充强度,具有质量轻、强度好、耐腐蚀和成本相对较低的特点。其相对于金属材料来说较为经济,且加工方便,成型时间短,可以模拟出多种材质的效果,经过表面处理还可以仿制成金属材料。玻璃钢雕塑在室外经过太阳的暴晒和风蚀,一般五年以上就开始变形,脆弱易裂。但是玻璃钢雕塑整体塑造性强,色彩丰富,作为雕塑材料,有一定的实用性(图 5.22)。

图 5.22　儿童乐园里的卡通
雕塑——玻璃钢材质

5.1.5　按所处位置分类

1)地标性雕塑

城市道路雕塑的选点布置在不同区位体现不同价值,通常根据区域的功能性确定雕塑的表现手法与形态,比如,入城口雕塑的放置位置在主城的入口区域,通过标志性雕塑再进入主城干道,这种欲扬先抑的手法被很多城市采用(图 5.23)。

（a）南船北马——淮安地标性雕塑　　　　（b）芝加哥云门镜面不锈钢雕塑

图 5.23　地标性雕塑

2）广场类雕塑

广场类雕塑表现手法多元化，主要体现公共性、公益性、文化性等，广场雕塑的造型可与周围的环境融合，大致相协调，造型多数是抽象的，需要人仔细品味鉴赏（图 5.24）。

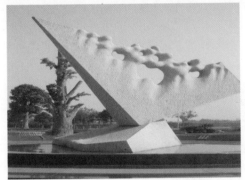 

（a）上海月湖雕塑公园中的广场雕塑　　　（b）位于东京市中心公园
"Tsumiki"(积木)雕塑

图 5.24　广场类雕塑

3）绿地类雕塑

绿地类雕塑多用于公园、社区等地，是将艺术品与自然界相结合的景观表现形式（图 5.25）。

（a）法国文艺复兴时期雕塑　　　　（b）上海静安雕塑公园绿地类雕塑

图 5.25　绿地类雕塑

4）其他室外雕塑

室外雕塑多用于城市中，可以美化城市生活空间，其表现形式多样，表现内容丰富。如在城市建筑空间的延伸中,通过灯光和钢筋结合形成的山川雕塑,在城市雕塑中较为常见;在水景中将雕塑作为主景,展示其形态美(图5.26)。

(a)水景与照明的室外雕塑

(b)水景的动物造型室外雕塑

图5.26 其他室外雕塑

以上所说的4种分类并不是界限分明的。现代雕塑艺术相互渗透,内涵和外延也在不断扩大,如纪念性雕塑也可能同时是装饰性雕塑和主题性雕塑;装饰性雕塑也可能同时是陈列性雕塑(图5.27)。

(a)富有艺术感的枯木桌

(b)具有金属质感的高脚座椅

图5.27 雕塑的分类相互渗透

5.2 雕塑的功能

5.2.1 雕塑的文化功能

景观雕塑是景观文化的具体体现,也是景观文化的重要组成部分,反映了整体景观的文化水准和精神风貌。优秀的景观雕塑作品一旦具有独特的艺术价值,就可以代表每一个历史时期的精神面貌,意义长远。它既可以是一个国家文化的标志和象征,又可以作为该民族文化积累的产物,反映了当下人们的价值观、文化内涵,是城市景观的文化名片和文化象征。

在中国古代雕塑中,石窟寺和摩崖石刻与造像,要算是最为突出的一部分了,而且其体量之大,内容之丰富,更是一些宫殿、坛庙、寺观中的雕塑所不及的。因而,它们之中很多都被列为国家重点文物保护单位,敦煌、云冈、龙门三大石窟和大足石刻等已先后被列入了《世界文化遗产名录》,在其他风景名胜区被列入世界遗产的也有不少,如泰山、武夷山等都有重要的石刻与造像(图 5.28)。

图 5.28　遗产类雕塑

　　南京石象路位于明孝陵神道由东向西北延伸神道的东段,全长 615 米。道路两旁依次排列着狮子、獬豸、骆驼、象、麒麟、马 6 种石兽(图 5.29),以象为最大,故俗称为石象路。这些石兽体现皇家陵寝的礼仪要求,各有寓意,如石象路上的大象四腿粗壮有力,坚如磐石,表示江山稳固;狮为百兽之王,显示帝王的威严,是皇权的象征(图 5.30)。

图 5.29　南京石象路石兽的排列

图 5.30　南京石象路上的石象和石狮

　　随着社会经济的发展,全国景观雕塑小品建设全面复兴,雕塑小品已经逐渐从过去单一的政治概念时代步入到多元化、个性化、国际化时代,许多景观雕塑小品在装饰性、功能性的基础上,增加和发展了社会象征、文化生活等内容。在挪威首都奥斯陆市内,有一个叫维格兰的雕塑公园。雕塑家古斯塔夫·维格兰用 20 年的时间,创作了 192 座雕塑,共计 650 个人物。所有雕像栩栩如生,喜怒哀乐展现得淋漓尽致,表现了人从出生至死亡的各个时期的情况,给人们有关人生的启示,因而被誉为"人生旅途公园"(图5.31)。

图5.31　维格兰雕塑公园

5.2.2　雕塑的经济功能

景观雕塑是一个区域科技经济实力和综合实力的象征,它能直接作为旅游景观发挥其经济效益。造型优美、含义深刻、具有历史意义的雕塑能给人们留下深刻的印象,从而在旅游经济中直接起核心作用。

英国大英博物馆的雕塑《掷铁饼者》、美国的自由女神像等都被打造成旅游景点,以雕塑拉动地区旅游业的发展(图5.32、图5.33)。

图5.32　雕塑《掷铁饼者》

图5.33　美国的自由女神像

在国内,位于桂林雁山区大埠乡的"愚自乐园",致力于推展当代艺术,是来自世界各地的艺术家和艺术爱好者汇聚交流、激情创作的天堂。各类雕塑小品不仅吸引了专业人员,也吸引了游客(图5.34)。

图5.34　桂林"愚自乐园"的水上雕塑

5.2.3 雕塑的审美功能

景观雕塑最基本的特点在于它是一个实实在在的主题,它通过本身的造型、质地、色彩、肌理等向人们展示形象特征,表达情感。景观雕塑最直接的功能就是美化和装饰环境,它不但能够体现城市景观特色,还能满足人们的审美需求,提升环境的审美价值。同时,景观雕塑的出现与艺术、建筑、公众服务相结合,让人们接触、欣赏和了解艺术,促进了艺术审美的大众化和平民化。概括地讲,雕塑的审美特征正在于给欣赏者无限想象力,而非一览无余。在审美过程中,雕塑的距离与观赏效果之间的联系也非常重要。

雕塑观赏视线长短、距离远近、质感和色调、本身有无基座等都直接影响到观赏雕塑的效果。例如,上海虹口公园的鲁迅坐像由于视距过远,导致人像太小(图 5.35);宜昌均瑶御景天地中一组以昆虫为主题的雕塑注意到其受众主体为儿童,因此雕塑均无基座,避免视觉变形,同时对昆虫在色彩和造型上加以凸显,增加了对儿童的吸引度,因此这组雕塑取得了很好的效果(图 5.36)。

图 5.35 上海虹口公园鲁迅坐像

图 5.36 宜昌均瑶御景天地昆虫雕塑

5.3 雕塑的设计要点与实例分析

雕塑是相对永久性的艺术。一方面,雕塑是静态的、可视的、可触的三维物体,通过雕塑诉诸视觉的空间形象来反映现实,因而被认为是最典型的造型艺术、静态艺术和空间艺术。随着科学技术的发展和人们观念的改变,现代雕塑中出现了四维雕塑、五维雕塑、声光雕塑、动态雕塑和软雕塑等,打破了雕塑设计的传统思维。现代雕塑家所关注的、思考的问题更深刻,所表现的主题和内容也更丰富,同一主题的环境雕塑会有迥然不同的处理方法。抽象、具象,构成不同的表现形式,产生不同的艺术效果。

5.3.1 雕塑的设计要点

1)总体布局

在景观规划中,需要满足城市各种物质要素,诸如地形、水体、房屋、道路、广场及绿地等,进行综合设计。因此,雕塑也应根据城市总体规划的景观布局,进行城市空间的组合、河湖水面及高地山丘的结合、广场建筑群的组合、绿化和风景视线的考虑,以便能全面地实现城市总体景观布局的要求,达到雕塑规划必须与总体规划及各层次规划相衔接的要求。

雕塑创作出来之后需要合理地安放,这需要考虑附近建筑物等参照物,如果四周地带很开阔,那就不能放置过于小巧的雕塑。如果是群雕、组雕,还得考虑安放的疏密程度(图5.37)。如果在大门入口等处,应该将雕塑放于对称轴上(图5.38)。如果该区域是广场,那雕塑应该位于广场中央的轴线交点处(图5.39)。若该区域并非对称,那就确保雕塑与雕塑之间保持适当的距离,既有秩序又有错落感(图5.40)。

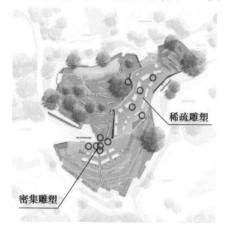

图5.37 雕塑位置设置的疏密程度

图5.38 大门入口处的雕塑
位置设置

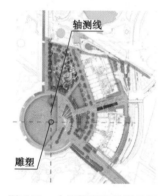

图5.39 广场的雕塑位置设置

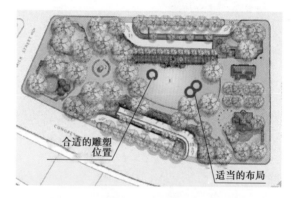

图5.40 非对称广场上雕塑的位置设置

2)周边环境

雕塑要置于一定的空间范畴,因此雕塑与环境应是相辅相成的关系。一个成功的雕塑作品,不单单是雕塑小品本身,还有对环境的烘托,抑或使环境映衬下的雕塑变得更有生气。雕塑小品在形体、色彩、质感、声音、光影以及水体等方面都可以相辅相成。法国 Arteology 纪念雕塑景观项目就利用了从 Puy de Serveix 山峰挖掘出的巨大动物骨架。显然,这个骨架属于一种未知生物,而这一发现也对自然环境作出了独有的诗意诠释。法国奥弗涅(Auvergne)

图5.41 法国 Arteology 纪念雕塑景观

火山区自然环境有种神圣氛围,似乎不着痕迹地与艺术理念相连。设计师试图探寻这种独特的自然条件,释放出火山记忆中的恐惧、神秘、灵魂的抽象疑问(图5.41)。

雕塑与环境的协调不排斥对比,如北京的北海公园曾经举办过国际雕塑家亨利·摩尔的作品展,中国石狮子与西方变形的抽象雕塑置放在一起,也是一种古今、中外之间的对话与冲撞。但总体来说,雕塑与环境融为一体效果更好。

3)内容与形式

雕塑都有一定的主题,而视觉形象是体现和反映主题的最佳渠道。其设计的关键在于雕塑的形体表现是否能让大众理解设计者的意图。在我国,大众对雕塑的欣赏大多停留在"是什么""像什么"的层面上,设计者需要在抽象与具象上掌握最佳的结合点。如 twirl 景观雕塑装置设计,曾获得普利策奖,是著名建筑大师扎哈·哈迪德为 Interni 杂志在 2011 年米兰设计周(2011 年 4 月 11—17 日)的专栏 mutant architecture & design 创作的。这个现代的装置作品研究了传统的庭院建筑,并与意大利陶瓷制造商 lea ceramiche 合作,设计了一系列陶瓷板,在米兰大学的 16 世纪历史建筑庭院中,制造了一个旋涡形的三维结构体(图5.42)。

图 5.42　twirl 景观雕塑装置

如图 5.43 所示,扭曲感与灯光相结合,将坚硬的、几何化的庭院转化成一个流动而活跃的三维空间。从这块基地的自然轮廓提取装置的基本形态,并强调了原有庭院建筑的拱门和曲线元素,以此来扭转现有的空间感受(图5.43)。

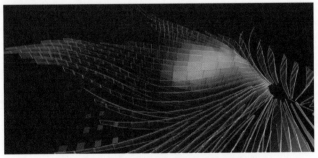

图 5.43　景观小品的线条与灯光的结合

◆设计图例

(1)花藤雕塑

设计思路来源于剪纸与雕塑,意在通过视觉交错带来较好的审美感受。作品材质是大理石,黑白色则是为了凸显镂空屏风与花藤雕塑的对比(图5.44)。

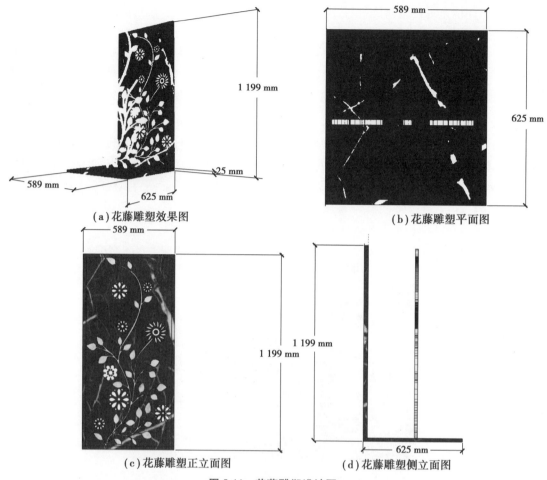

（a）花藤雕塑效果图

（b）花藤雕塑平面图

（c）花藤雕塑正立面图

（d）花藤雕塑侧立面图

图 5.44　花藤雕塑设计图

（2）The Memory 主题镂空雕塑

设计灵感来自 LOGO 设计与潮流照片墙,对字母的合理设计与适当的添加元素使 LOGO 立体化,字母挂在网格上的设计对应照片墙,使作品"青年化"。作品材质为黑白大理石(图 5.45)。

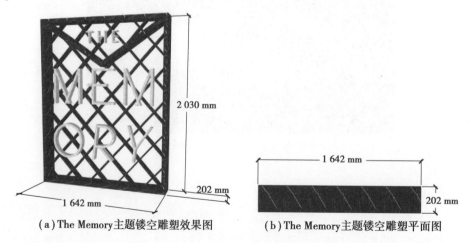

（a）The Memory主题镂空雕塑效果图

（b）The Memory主题镂空雕塑平面图

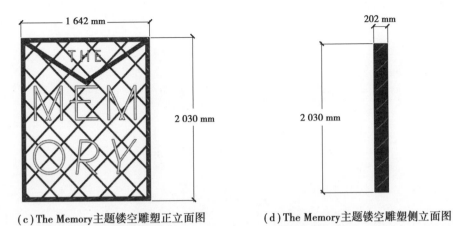

(c) The Memory 主题镂空雕塑正立面图　　　(d) The Memory 主题镂空雕塑侧立面图

图 5.45　The Memory 主题镂空雕塑设计图

本章思考题

1.简述雕塑的分类。

2.列举三个国内外以雕塑为主题的城市公园并总结其特征。

6

景观绿化小品设计

　　景观绿化小品是指以植物为主要材料的园林点缀物,它在景观中有多种表现形式,如绿篱、绿雕塑、花架、花坛、花台、植物容器等。绿化小品与其他园林小品相比更有生命力,也更富有季节性变化,它不仅能给人以视觉上美的感受,还能在一定程度上改善城市生态环境,对人的心理和生理健康也有积极的作用。

6.1　绿篱小品的设计

　　绿篱是绿化小品中最常见的表现形式,它的一般定义是指用植物密植而成的围墙,以行列式密植植物为主。绿篱在园林中可起分隔空间、屏障视线、隔离防护等作用。在西方,绿篱最早是以整形修剪的模纹花坛和植物迷宫的形式表现,这种模纹绿篱也是欧洲古典园林艺术的主要表现形式。我国古代也有"以篱代墙"的做法,通常用绿篱作为宅院菜圃的外围护栏。在现代园林景观中,绿篱应用更为广泛,也被赋予了更多的表现形式。

6.1.1　绿篱的分类

1)根据功能分类

　　根据功能要求及观赏要求,绿篱分为常绿篱、花篱、果篱、彩叶篱及刺篱等(图6.1)。

　　(1)常绿篱:即用常绿植物栽植而成的功能绿篱,通常具有分隔空间、遮挡视线、防风减噪的作用。常见的植物有针叶类的桧柏、圆柏、侧柏、杜松等,阔叶类的大叶黄杨、海桐、珊瑚树、十大功劳、小叶女贞、雀舌黄杨、月桂、蚊母树、观音竹等。

　　(2)花篱:用观花植物栽植而成的观赏绿篱。常见的植物有香花类的四季桂、大花栀子、九里香、米仔兰等,观赏类的木槿、锦带花、杜鹃、八仙花、六月雪、细叶萼距花、黄刺玫、麻叶绣线菊等。

(3)果篱:主要以观果为目的的观赏绿篱。常见的植物有火棘、构骨、紫珠等。

(4)彩叶篱:以常色叶植物为主要材料的观赏绿篱。常见的植物有红花檵木、紫叶小檗、红叶石楠、金叶女贞、金森女贞、金叶假连翘、洒金侧柏、洒金珊瑚、红背桂等。

(5)刺篱:具有叶刺、枝刺或叶本身刺状的植物组成的功能性绿篱,具有隔离防护的作用。常见的植物有枸橘、构骨、多花蔷薇、黄刺玫、三角梅、齿叶桂等。

(a)常绿篱　　　　　　　　　　　(b)花篱

(c)果篱　　　　　　　　　　　(d)彩叶篱

图6.1　绿篱根据功能作用分类

2)根据高度分类

根据植物的高度,绿篱分为矮篱、中篱、高篱和树墙四种类型。绿篱高度的变化对空间分隔的程度影响较大(图6.2)。

(1)矮篱:高度在50 cm以下的绿篱,一般用于强化边界、花境和花坛镶边或组成模纹图案,具有较高的观赏性。常见的植物有西洋鹃、六月雪、细叶萼距花、雀舌黄杨等。

(2)中篱:高度在50~120 cm的绿篱,用于分隔空间。这类绿篱对人的活动有阻隔作用,但不会遮挡视线。常见的植物有大叶黄杨、含笑、大花栀子、火棘等。

(3)高篱:高度在120~160 cm的绿篱。这类绿篱具有遮挡视线、防尘减噪等作用,但人不能跨越而过,多用于绿地的防范、屏障视线、分隔空间、作其他景物的背景。常见的植物有桧柏、榆树、珊瑚树等。

(4)树墙:一般由乔木经修剪而成,高度在160 cm以上。这类绿篱在西方园林中较为常用,用于空间的划分与围合。常见的植物有小叶榕、欧洲七叶树、扁柏等。

| (a)用作观赏的矮篱 | (b)限定空间的中篱 |

(c)阻隔视线的高篱 　　　　　　(d)围合空间的树墙

图6.2　绿篱根据高度分类

3)根据整形修剪程度分类

根据植物的整形修剪程度,绿篱分为规则式绿篱和自然式绿篱(图6.3)。

(1)规则式绿篱:经过长期不断的修剪,而形成的具有一定规则几何形体的绿篱。常用生长缓慢、分枝点低、枝叶结构紧密的低矮灌乔木,适合人工修剪整形。

(2)自然式绿篱:仅对绿篱的顶部作适量修剪,其下部枝叶保持自然生长,主要体现植物群体的自然美。自然式绿篱选用植物体量相对较高大,绿篱地上的生长空间要求一般高度为0.5~1.6 m,宽度为0.5~1.8 m。

(a)规则式绿篱　　　　　　　　(b)自然式绿篱

图6.3　绿篱根据整形修剪程度分类

6.1.2 绿篱的空间功能

1)空间围合功能

中高型绿篱具有较强的空间分隔作用,这一类绿篱在一定程度上可代替实体墙,也可在室外环境中将大空间划分出私密程度不同的小空间,限定人的活动领域,创造丰富的功能空间。如将儿童游戏场、露天剧场、运动场与安静休息区分隔开来,减少相互干扰。在自然式布局中,有局部规则式的空间,也可用绿墙隔离,使强烈对比、风格不同的布局形式得到缓和。例如某别墅小区内的生态停车场设计,其用红叶石楠围合出一个个停车空间(图6.4)。空间围合还具有视线遮挡的功能,可将环境中的不美观的事物遮挡起来(图6.5)。

图6.4 用绿篱划分功能空间　　　　图6.5 用绿篱遮挡氛围灯

2)空间限定功能

绿篱具有强化空间边界的作用,对人的活动行为进行限定和引导。例如道路的中央隔离带可以更好地引导人流(图6.6),水池旁的绿篱可加强水池空间边界,限定人的行为。

3)空间主景功能

绿篱植物种类丰富,其本身在形态、色彩和质地上就有一定的观赏性。西方园林中,通常用不同色彩的规则式绿篱,构成一定的图案或花纹,作为主景进行观赏。例如凡尔赛宫中的模纹花坛,现代景观中也常用模纹绿篱装点草坪(图6.7)。

图6.6 空间限定的绿篱　　　　图6.7 凡尔赛花园中作主景的观赏模纹绿篱

4)空间景观背景

园林中,常将常绿树修剪成各种形式的绿墙,作为喷泉和雕像的背景,其高度一般要与喷泉和雕像的高度相称,色彩以没有反光的暗绿色树种为宜。作为花境背景的绿篱,一般均为常绿的高篱及中篱(图6.8)。在各种绿地中,不同高度的两块高地之间的挡土墙,为避免立面上的枯燥,常在挡土墙的前方栽植绿篱,美化挡土墙的立面。

5)空间衬景功能

绿篱植物具有枝叶密集、整体性好等特点,因此在现代园林景观中,绿篱也常被用作花坛、花境、雕塑、喷泉及其他景观小品的背景,起空间陪衬的作用(图6.9)。

图6.8 作为空间中的景观　　　　　图6.9 作为空间衬景的绿篱
　　　　背景

◆设计图例

设计思路来自几何迷宫,通过植物的竖向围合形成环形空间,造型上修剪规整,使整齐的绿篱起到引导视线的作用,并增加了空间的私密性和趣味性(图6.10)。

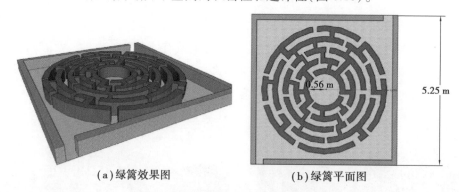

(a)绿篱效果图　　　　　　　(b)绿篱平面图

图6.10 空间围合型绿篱迷宫造型设计图

◆设计要点

①在选择绿篱植物时,要符合功能的原则,采用能够满足使用者功能要求的配植形式与手法。比如要建立以欣赏为目的的绿篱时,应该采用花、叶、果等观赏价值较高的绿篱植物,并且在进行绿篱配置工作时采用观果篱、观赏模纹篱、彩叶篱以及观花篱等形式。

②在绿篱造型上,要符合现代人的审美要求,主要有小鸟造型、动物造型、螺旋造型以及几何造型等。

③传统风格上的绿篱植物对其栽种地区的气候、土壤等要求较高,要求其必须具备较强的适应性,并且易于造型,生长期较长。

④在进行绿篱配植工作之前,应当充分了解环境,掌握好环境因子,根据功能要求选取绿篱植物。一般来说,合理选取绿篱植物,应因地制宜,根据不同环境、不同情况选择相应的植物。

6.2 绿雕小品的设计

绿雕是绿色雕塑的简称,是人工打造出的绿色雕塑造型。目前在园林应用中,绿雕主要有两种表现形式:一种是骨架绿雕(图 6.11),又称"植物马赛克",是指绿色植物覆盖于雕塑骨架表面而形成的植物绿色造型,狭义上的绿雕仅指此类型;另一种是造型树(图 6.12),是指利用植物的耐修剪性及枝条柔韧性,人为地将植物打造成不同于自然生长形态的园艺景观,类似于大型的植物盆景。

图 6.11　骨架绿雕

图 6.12　造型树

6.2.1　骨架绿雕

骨架绿雕作为新型的观赏园艺作品,对技术的要求很高,需要集美术雕塑、建筑设计、园艺知识等多种技术于一体。绿雕的构架一般选用竹、木、钢材、混凝土件等材料,构架上要填充栽培土,再在其上种植小灌木或草本植物,构架表面的植物覆盖率至少要达到80%。这种采用挂泥插草工艺把不同颜色的花草覆盖于结构造型表面的做法,将雕塑造型与花卉园艺巧妙地结合在了一起,堪称世界园林艺术的"奇葩"。

在植物的选择方面,应以一二年生及多年生的草本为主,也可选择小型的灌木和观赏草。用于立面的植物要求叶形细密、叶色鲜艳、耐修剪,这样易于形成精美的图案,增强绿雕的景观效果。为控制整体的造型和便于绿雕后期的管理,应选择生长较慢、适应性强、病虫害少、易繁殖的植物材料。目前较常用的植物有景天类、五色草类、银叶菊、非洲凤仙、矮牵牛等(图6.13)。

四季海棠

景天类

银叶菊

图 6.13　骨架绿雕的常用植物

6.2.2　造型树

造型树的应用历史悠久,其制作工艺主要有修剪、盘扎、编扎、嫁接等。修剪是对树木造型的最基本的技艺;盘扎是将枝条进行绑缚牵引使其弯曲改向的措施;编扎是将一株或数株树木的枝条交互编扎而形成预想的形状;嫁接是将树木的枝条移接到亲缘关系相近的植株上的方法。根据造型类型的不同可将造型树分成四类:规整类、仿动物类、仿建筑类和桩景类(图 6.14)。

（a）规整类

（b）仿动物类

（c）仿建筑类

（d）桩景类

图 6.14　造型树常见的四种分类

（1）规整类：将树木修剪成球形、伞形、方形、螺旋形、圆锥形等规则的几何形态，这类造型的树木要求枝叶繁茂、萌芽力强、耐修剪或易于编扎。

（2）仿动物类：主要通过修剪及盘扎绑缚等方法将树木做成各种鸟兽形状。树种选择与规整类相似。

（3）仿建筑类：将树木修剪、盘扎，或将几棵树编扎成亭、台、楼、阁、花瓶等造型，其技术要求相对复杂。制作而成的建筑体量与实体建筑类似，能发挥相应的功能。

（4）桩景类：类似盆景艺术，应用微缩手法，主要运用修剪、盘扎和嫁接工艺，再现古木奇树神韵。适合这类造型的树种要求树干低矮、苍劲拙朴。

◆ **设计图例**

将植物修剪成动物的造型，生动逼真的动物形象使植物更富生命力，同时与其他自然生长的植物形成较大反差，一般作为景观节点和应景存在。

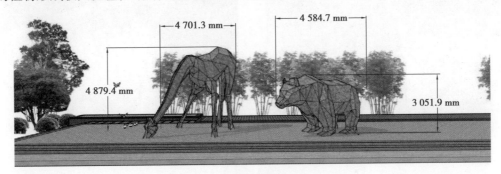

图6.15 动物造型绿雕效果图

◆ **设 计 要 点**

骨架绿雕的设计主要包括主题构思、骨架结构设计、灌溉设计、植物的选择与搭配等内容。绿雕一般单独成景，设计时除了要满足视觉美感外，还需结合场地特征表现一个明确的主题才能让游客一看即懂。骨架结构设计主要是确定支撑骨架和载体骨架的布置图样，以指导后期施工。灌溉设计主要绘制管道布置图和喷头布置图，要求管道布置合理，水压平衡。植物的选择要综合考虑植物的形态与生长习性，搭配方面要考虑不同植物的高低搭配、色彩搭配以及整体的季相变化等。

6.3 花卉小品的设计

6.3.1 花坛

花坛是一种规则式的花卉布置形式，通过在一定的几何轮廓的种植床内种植各种不同色彩的观花、观叶植物，来构成一幅幅华丽而鲜艳的装饰图案，在园林景观中起画龙点睛、烘托氛围的作用。其多布置在节日广场、道路交叉口、公共绿地入口等视线集中的地方。

1)花坛的表现类型

根据花坛内所用植物材料的不同,可将花坛分为盛花花坛和模纹花坛。

（1）盛花花坛

主要由开花繁茂、色彩艳丽、花期一致的一二年生花卉或多年生花卉组成,表现花卉盛花期群体的色彩美。例如天安门广场的盛花花坛,采用一二年生花卉,营造出喜庆、欢快的氛围（图6.16）。

（2）模纹花坛

以生长缓慢、枝叶细密、耐修剪的观叶灌木或多年生草本植物为主,主要表现植物枝叶所组成的精美图案或装饰纹样。例如法国某庄园的模纹花坛采用修剪过的常绿灌木,形成具有代表性和特殊寓意的花纹（图6.17）。

图6.16　盛花花坛

图6.17　模纹花坛

2)花坛的功能

（1）烘托节日氛围

花坛常用在重大节日当中,起渲染氛围的作用（图6.18）。例如每年的国庆节都会在天安门广场布置节日花坛。作为烘托节日氛围的花坛一般选用盛花花坛,通过展现花卉的色彩美、形态美来装点环境,增添节日的喜庆气氛,也让观赏者心情豁然开朗。

图6.18　烘托节日氛围的花坛

（2）标识宣传

花坛色彩艳丽,标志性强,常设在公园、广场、小区等的入口处,起标识宣传的作用。如城市交通环岛中的中心转盘,常配置色彩鲜明的灌木和花卉,起到交通分流和吸引视线的作用（图6.19）。

图 6.19　起宣传标识作用的花坛

（3）基础装饰

花坛除了可做主景观赏外，也可以作为配景烘托，起基础装饰的作用。花坛可设置在建筑物前，也可做纪念碑、山石等的陪衬，增加艺术的表现力和感染力（图6.20）。

图 6.20　做基础装饰的花坛

3）花坛的设计要点

（1）主题构思

花坛的主题构思可根据花坛所发挥的主要功能来考虑。例如，作为烘托节日氛围的花坛可从节日出发确定主题；作为标识宣传的花坛可以从场地特征出发确定主题；作为配景烘托的花坛的主题性可稍弱些，主要是对主景的陪衬。

（2）图案设计

花坛的外轮廓以几何图形为主，一般的观赏轴线为 8~10 m。内部的图案设计应简洁、明了，不宜过于烦琐，图案表现要符合主题（图6.21）。

（3）色彩设计

花卉的色彩搭配是花坛设计的重要内容之一。它通常有四种配色方法：第一种是互补色的搭配，该种配色色相对比最为强烈，感官刺激最强，例如黄色和蓝紫色；第二种是对比色的搭配，该种配色对比也较强，易给人带来兴奋、激动的快感，例如红色和绿色搭配；第三种是临近色的搭配，该种配色属于中对比，可保持画面的统一感，又不失生动、活泼，例如红色和黄色的搭配；第四种是类似色的搭配，该种配色可保持画面的协调统一，呈现柔和质感，但整体相对较平淡、单调，这种配色较为少见，通常在基础装饰时应用。一个花坛的颜色选择不宜过多，一般花坛选用 2~3 种颜色，大型花坛可用 4~5 种颜色（图6.22）。

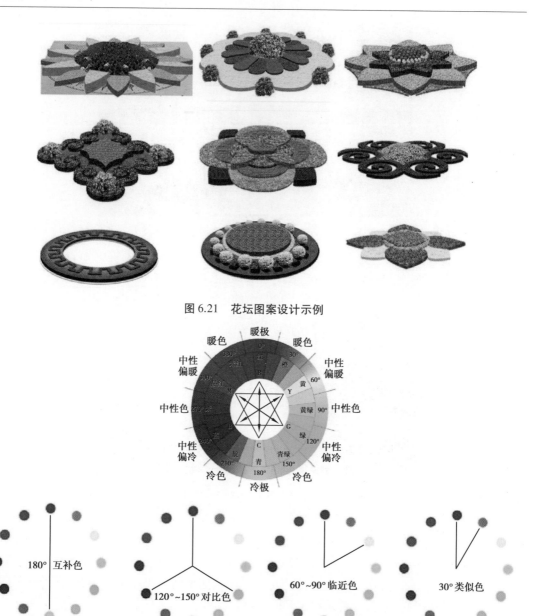

图 6.21　花坛图案设计示例

图 6.22　花坛的色彩设计

（4）植物选择

盛花花坛宜选择株形整齐、开花一致、花期长、色彩鲜艳、耐干旱、适应性强的一二年生草本植物。模纹花坛宜选择枝叶细密、生长缓慢、耐修剪、耐移植的植物。此外,在植物搭配时还应考虑不同植物的高度和质感。

6.3.2　花台

花台是在高型的植床内栽花植树、盛水置石的一种景观形式,是植物的"建筑"形式(图6.23)。花台在中国传统庭园景观设计中较为常见,或倚墙而筑,或居于正中,常布置在庭前、廊前或栏杆前。

图 6.23　各式花台

　　花台的平面形式变化多样,以规则式轮廓为主,常见的有长方形、正方形、六边形、八边形、扇形、半圆形等,其中四边形和八边形应用最为广泛。一般花台为单个布置,也有组合排列的形式。在地下水位高、夏季多雨、易积水的地区较为常见。

　　花台立面造型层次丰富,大致分两部分。下部为以砖、石等材料砌筑而成的基座,基座高40~100 cm,立面常有风格不同的装饰;基座上为种植的植物,所种植物高低参差、错落有致,有经整形修剪的,也有自然丛生的,此外还可以结合假山、置石、水景等元素。

6.3.3　植物容器

　　植物容器是专用于栽植花灌木或草本植物的容器,在现代园林景观中,也是常见的花卉小品景观之一。植物容器通常形态小巧、组景灵活,常布置在广场上、建筑物前、道路旁、台阶两侧、自然式草坪上等,并可结合座椅、栏杆、路灯来布置(图6.24)。

图 6.24　各式花钵

　　植物容器的功能主要有以下三种:

　　(1)主景观赏

　　植物容器可布置在自然式草坪中,起点缀草坪、观赏的作用(图6.25)。

　　(2)空间划分

　　在广场设计中,常将植物容器进行规则式摆放,在发挥造景功能的同时,更起到空间划分和组织人流的作用(图6.26)。

图 6.25　做主景观赏的花钵

图 6.26　起空间划分作用的花钵

（3）衬景装饰

植物容器还常与座椅、路灯、围栏、垃圾箱、标识牌等相结合布置，主要对这些景观小品起装饰作用（图 6.27）。

图 6.27　起衬景装饰作用的花钵

◆ 设 计 图 例

花钵设计成几何形，体型小巧、造型简约。花岗岩与反光质感的瓷砖条让整个花钵更富现代感。暖色系花卉植物与冷色系花钵形成对比，更加体现出花的鲜艳和层次感。此小品实用性高，商业街、城市广场、街头绿地、居住小区等均可放置（图 6.28、图6.29）。

图 6.28　花钵效果图

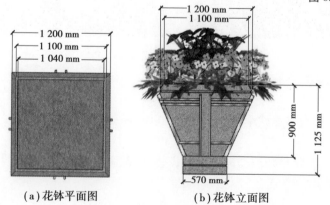

（a）花钵平面图　　　（b）花钵立面图

图 6.29　花钵设计图

◆设计图例

该设计将花钵与座椅结合,在满足观赏性的同时,也提供休息功能。座椅采用的有机材料与花钵采用的木材在质感、颜色上形成反差。此外,在材料表现的疏密程度上也产生了对比(图6.30)。

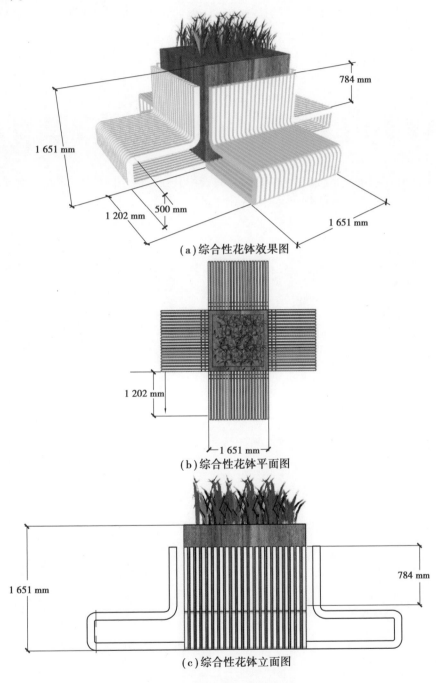

(a)综合性花钵效果图

(b)综合性花钵平面图

(c)综合性花钵立面图

图6.30 综合性花钵设计图

◆ 设 计 要 点

①植物容器的造型设计包括钵体设计和植物搭配。钵体设计包括外观设计和材料选择。外观设计应与周围环境相协调;常用的容器材料有石材、木质、土陶等。容器的植物配置以一二年生草本花卉为主,有时也可用花灌木或小乔木。

②植物容器的功能设计即容器的摆放方式。例如布置在广场入口处的容器要注意摆放间距,在进行积极的空间划分的同时,也可有效组织人流。此外,有些容器为了能够让人更好地观赏,需要设立支柱承托。

本章思考题

1.列举你所在城市中常见的景观绿化小品,说明其在景观中的位置、功能及设计意图。

2.对比国内外优秀景观绿化小品,简析其亮点。

7 景观水景小品设计

水景是景观设计的重要因素之一,也是变化比较大的设计因素,它能形成不同的水景形式,如平展的水池、流动的叠水和喷泉。水除了能作为景观中的造景因素外,还有许多实用功能,如使空气凉爽、降低噪声等。由于水的流动性,水能表现出无穷无尽的形状,也可以通过与园林景观的假山、树木组合,形成声音、形态、色泽的结合,给人以美的享受。

水景小品主要是以设计水的 5 种形态(静、流、涌、喷、落)为内容的小品设施,常作为游人的视觉焦点出现,并体现了小品与水结合所产生的线条美、声音美、动态美、色泽美等多种美学上的特征。

7.1 水景小品的类型

在规则式园林绿地中,水景小品常设置在建筑物的前方或景区的中心,为主要轴线上的一种重要景观节点。在自然式绿地中,水景小品的设计常取自然形态,与周围景色相融合,体现出自然形态的景观效果。

按水流的状态分,有静态水景小品和流水水景小品。静态水景小品如景观中的水池等,它能反映出倒影,给人以明洁、恬静、开朗、幽深之感(图 7.1)。流水水景小品,主要包括自然式水景小品、跌落式水景小品、喷泉三类,给人以清新明快、激动兴奋之感(图 7.2)。

图 7.1　水上芭蕾——静态水景小品

图 7.2　曲线型的动态
水景小品

　　自然式水景小品的设计,一般为尽量展示景观的自然风格,常设置各种主景石、隔水石(铺设在水下,提高水位线)、切水石或破浪石(使水产生分流的石头)、垫脚石(支撑大石头的石头,营造自然形态)、河床石(用于观赏的石头)、横卧石(压缩水流宽度,形成隘口)等。主景石的设置可增加水景小品的自然魅力,主要为人工小溪流(图7.3)。

　　跌落式水景小品则通过滑落、阶梯、幕布、丝带、模仿自然等方式形成水幕、小瀑布、水盘、水钵等水景小品(图7.4)。

图 7.3　天然石材打造的自然式水景小品

图 7.4　模仿自然的跌落式水景小品

　　在水景景观的设计中,往往不止使用一种水景小品,可以以一种形式为主,以其他形式为辅,或将几种形式相结合,形成丰富的水景景观组合。

7.2　水景小品的设计

7.2.1　静水小品

1)静水小品的特征

　　静水小品设置在运动变化较平缓的水中。小面积的静水水面可不设置小品,一旦呈现大面积的静水则切忌空而无物,松散而无神韵。此时静水形式应该曲折、丰富,静水中应设置适合周围环境或主题的静水小品(图7.5)。

图 7.5　结合现代都市所产生的静水小品

2)静水小品的视觉形象

小品在静水中有较好的倒影效果,水面上的物体由于倒影的作用,给人以诗意、轻盈、浮游和幻想的视觉感受(图 7.6)。

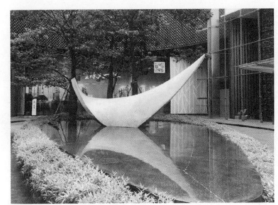

图 7.6　静水小品倒影意境

3)静水小品实例

(1)实例一——静水水池

水池作为水的载体,在不同的环境中有不同的呈现方式,镜面水景由水池池底的工艺形成直线线条肌理,营造宁静和谐氛围(图 7.7)。

图 7.7　镜面水景

水池边界的处理形式可大可小、可高可低、可紧可疏、可断可续,宛如乐曲,舒缓急骤。不同形式(曲直)的水池边界设计,能带给人们不同的感受。曲线型水池边界的密度与跨度均可自由设计,充分利用地形和环境因素,打造出生动的水景小品造型(图7.8)。直线型的水池边界给人干净清爽的感觉,且边界性和指向性较强,适合规则式景观环境设计(图7.9)。

图 7.8　静水水池的曲线型边界　　　　图 7.9　静水水池的直线型边界

(2)实例二——苏州中航樾园

苏州中航樾园位于苏州市木渎镇,其景观为张唐工作室设计。在主庭院的景观中设计了溪院、水院两个区域,以水流来表达空间中的"时间"概念。整个景观以水景为载体,缀以水景小品,呈现出简洁却不乏细节的主题空间。

溪院以精致的水台小品为源头,水慢慢流入到水院中。溪水下游的叠石如被溪流冲刷一般,与绿植结合在一起,形成了入口对景"雕塑"(图7.10—图7.12)。总体来看,溪院以简洁的硬质铺装为主,溪水蜿蜒穿梭在树影婆娑当中,泉水汩汩声萦绕在其中,这些都营造出场地的静谧氛围。水院以水为主,静谧的水面和建筑交相辉映(图7.13)。

图 7.10　溪院中的水台小品

图 7.11　曲水流觞　　　　图 7.12　水院中的叠石水景小品

图 7.13 樾园水景中的肌理呈现

7.2.2 流水水景小品

流水既有急缓、深浅之分,也有流量、流速、幅度大小之分。蜿蜒的小溪,流水淙淙,使环境更富有个性与动感。流水水景小品,主要包括自然式水景小品、落水水景小品、叠水水景小品三类。自然式水景小品为模拟自然中的河流湖泊,在咫尺空间中将自然界中的水景形态通过置石小品进行还原(图 7.14、图 7.15)。本小节主要介绍落水水景小品和叠水水景小品。

图 7.14 以置石小品为驳岸 设计出的自然式水景　　图 7.15 以置石小品为流水载体 设计出的自然式水景

1)落水水景小品

(1)落水水景小品的特征

落水水景小品即水源因蓄水和地形条件的影响而有落差溅潭,一般与规则形态的建筑、景墙、挡土墙等结合。落水的形式分为线落、布落、挂落、条落、多级跌落、层落、片落、云雨雾落、壁落。落水具有形式之美和工艺之美,其规则整齐的形态,比较适合简洁明快的现代园林和城市环境。与落水形式搭配的水景小品常见的为水幕墙,起丰富景墙、活跃气氛的作用。水幕墙根据材质、倾斜角度和高度的不同又分为不同类型,如最常见的垂直石材水幕(图7.16、图7.17)。此类水幕墙承载流速缓慢的水体,克服流水的噪声,同时让人有水雾蒙蒙之感,如果配合灯饰越发流光溢彩,甚为美观。除此之外,还有绿篱水幕墙、玻璃水幕墙以及本身水幕形成的屏障(图7.18—图7.20)。

图 7.16　大理石材质的
水幕墙

图 7.17　大理石、卵石、
条石组合的水幕墙

图 7.18　绿篱水幕墙

图 7.19　玻璃水幕墙

图 7.20　儿童与低落水之间的互动

　　落水的高度直接影响水景的整体景观,以及观赏水景所预留的距离。根据落水的高度,一般将落水分为低落水、中等高度落水及高落水。低落水亲和性较强,能与人们产生较多的互动,增强亲水感(图 7.20)。中等高度落水,将落水与周边景观小品和环境相结合,使场景更加生动(图 7.21)。高落水能体现自然界中落水恢宏的气势,更加强调落水的整体景观性(图7.22)。

图 7.21　中等高度的落水与周边环境的结合

（2）落水水景小品实例——水钵

水钵是日本庭院中的代表元素之一，原本是因为茶道而率先设置的，放置在茶室庭院内，在进入茶室前，供客人净手、漱口之用。而后作为能够清洗身体和内心罪恶的象征物，水钵也成为寺院和神社的必备品。水钵通常为石材制作，并摆放有小竹勺和顶部提供水源的竹制水渠（图7.23）。

图7.22　高落水景观对大自然的瀑布　　　　图7.23　传统的水钵形式
　　　　　形式进行解构重组

目前使用的水钵一般是用现代工艺和现代材料，经过泥塑成型，翻制模具，再进行生产和整理等若干工序而完成的。它具有天然石材的硬度，防水且耐酸碱，无毒无味，无放射性。其表面质感强烈，朴素自然，独具韵味，在新中式风格中屡见不鲜（图7.24）。

图7.24　不同材质的水钵在庭院中的应用

◆设计图例

设计灵感为常见的日式水钵，以石材为水钵主体材料，亦可用陶瓷替换。出水部分采用竹筒，水通过竹筒冲击水钵，发出清脆悦耳的声音，形成视觉和听觉上的双重美感（图7.25、图7.26）。

图 7.25　水钵效果图

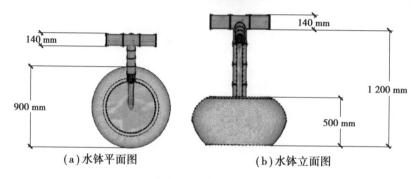

（a）水钵平面图　　　　（b）水钵立面图

图 7.26　水钵设计图

2)叠水水景小品

　　叠水是指水分层连续流出,或呈台阶状流出,是连续落水组景的形式。因而叠水选址通常是在坡面较陡、易被冲刷或景致需要的地方。叠水的形式多种多样,不同形式的选择与环境中建筑、构筑物及墙体紧密相关,要相结合来设计,利用建筑、构筑物及墙体的层高差形成叠水。不规则的多层叠水,造型多变,立面丰富,容易形成视觉焦点(图7.27)。

　　叠水随地形层层抬高,引人入胜。其模仿自然界地形的形式,使空间层次感大大提升。自然景石叠水,多重叠水面增强观赏性(图7.28)。阶梯式叠水,水顺流而下,可供亲水互动,增强娱乐性(图7.29、图7.30)。

图 7.27　不规则多层叠水

图 7.28　圣路易斯森林公园核心区叠水

图 7.29 阶梯式叠水

图 7.30 儿童与叠水的亲密互动

　　小型叠水与景墙结合,形成标识性景观,可设置于景区、小区及庭院入口处(图 7.31)。叠水阶梯边缘不规则的边界更具现代感,配合灯光涌泉,达到较好的夜间观景效果(图 7.32)。同时可营造静水面叠水,动静结合,更添生动的气息。

图 7.31 小区入口处的叠水景观图

图 7.32 叠水与灯光结合形成的夜景效果

　　美国俄勒冈州波特兰市西北 11 号大街的杰米森广场上有供市民休闲娱乐的叠水水池。水从石墙的不同断层喷涌,最终汇入中心半圆形的空水池。水池蓄满后会自动溢出,消失在石墙底部。石墙分为多层,可供人攀爬和休憩(图 7.33)。

图 7.33 杰米森广场

7.2.3 喷水小品

　　喷水小品是城市景观中运用最为广泛的水景小品之一。其根据喷水的形式可分为单流式、喷雾式和造型式三种。

1) 单流式

单流式是最简单的喷水小品形式。水通过单管喷出,单管喷泉有相对清晰的水柱,水柱长几米到几十米,甚至可高达百余米。小型单股射流可设置于庭院或其他位置,设备简单,装设方便,在不大的范围内能形成较好的景观效果。单流式喷水形式可以石材为底座,形成高低、形态均不相同的水柱(图7.34、图7.35)。单流式喷水形式可通过对水柱高度和角度的设计使水柱错落有致,形成水景景观,与周边环境相融合(图7.36、图7.37)。泰国曼谷 Mega Bangna 购物中心内庭中的喷泉广场,采用旱喷形式,夜晚喷泉与灯光结合,产生较强的视觉效果;白天关闭喷泉,即可成为供人游玩的场所(图7.38)。

图 7.34　石质小品承载的单流式喷水形式

图 7.35　水柱清晰状喷泉

图 7.36　多个高低错落的单流式喷泉

图 7.37　多个非垂直角度喷水的
单流式喷泉

图 7.38　泰国曼谷 Mega Bangna 购物中心内庭中的喷泉广场

2)喷雾式

将喷雾喷头隐藏于小品中,利用喷雾喷头喷出雾状水流,能以少量水喷洒到大范围空间内造成气雾蒙蒙的环境,当有灯光或阳光照射时可呈现彩虹当空舞的景象,对水的冷却、充氧加强及对空气的加湿、除尘作用特别明显。在特定环境中,喷雾小品更能烘托出环境气氛。作为一种设计之美,可以用来表示安静的情绪(图 7.39)。

图 7.39　喷雾式喷泉小品在风景区和庭院中的应用

美国哈佛大学校园内的唐纳喷泉(Tanner Fountain)就是典型的喷雾式喷泉小品(图 7.40)。此作品的设计者为彼得·沃克,他提倡极简主义设计,因此唐纳喷泉也运用了极简的造景手法,超越了传统水景设计方法,更贴近大众的心理。唐纳喷泉位于哈佛大学校园内的一个人行道路的交叉口处,其北面是一个科技中心,人流穿梭汇集于此。而这个由天然石块和喷雾式喷泉构成的简单、质朴,透着原始神秘美感的唐纳喷泉使这一小片地方从周遭的匆忙嘈杂中分离出来,形成了一个相对静谧的空间。

唐纳喷泉是由 159 块花岗岩不规则排列组成直径约为18.3 m 的圆形石阵,石阵的中央是一座喷雾式喷泉。每块石头大约 4 英尺长、2 英尺宽、2 英尺高,经计算正好可以被用作石

图 7.40　唐纳喷泉

椅或石桌。石块具有空间划分的作用。159 块天然石块从周遭纷繁的公共空间中划分围合出这样一块直径约 18 m 的圆形静空间,而喷雾式喷泉又以柔和的方式阻隔了直径上相互对视的目光,使这里更显私密,增加了实用性(图 7.41、图 7.42)。

从精神的角度而言,喷雾式喷泉的细腻、朦胧与天然石块粗糙、质朴的原始美感共同组合而成的这个空间,给予人一种特别的相互交流以及与世界交流的方式(图 7.43)。

图 7.41　石质小品与喷雾设施对空间的划分
与隔离

图 7.42　人在喷雾空间中活动

图 7.43　人与喷泉小品的交流

　　春、夏、秋三季,水雾像云一样在石上跳舞,模糊了石头的边界。当冬天水雾冻结时,喷泉利用建筑的供热系统喷雾。当喷泉完全静止时,则成为白雪优雅表演的舞台(图7.44)。

图 7.44　不同季节下喷雾小品与置石的景观效果

3)造型式

造型式喷泉在公共水景空间中最为常见,通常由同类型或不同类型喷嘴组合而成,多股同时喷射,十分壮观。利用各种造型小品如人物、墙体、池边、盆花等,形成一个多层次、多方位、多种水态的复合喷泉,表现丰富的水景。当造型喷泉作为观赏主体时,应保证喷泉处于视觉焦点的位置,并做到视线通透(图7.45)。

图7.45 作为观赏主体的造型式喷泉

波兰艺术家Malgorzata Chodakowska在雕塑创作中融入水元素,使其具备了水景景观小品的特征。水赋予雕塑动感和灵魂,瞬间就让雕塑活了起来,呈现出美与力量的最佳组合(图7.46)。

(a)　　　　　　　　(b)　　　　　　　　(c)

图7.46 喷水式水景小品

造型式喷泉除了以人物、动物为造型基础外,还常用各种线条的组合来完成造型设计。在公共空间中,喷泉与雕塑成为一体,相辅相成,设计感强,效果佳,也能较好地展现主题,融入环境,还能产生通透的视野,让喷泉小品本身成为焦点,得到更多的关注(图7.47)。

图7.47 线条造型的喷泉小品

造型加功能的喷泉小品是交互式设计的一大亮点。泰国曼谷 Mega 美食街里互动式水景造型小品采用了不锈钢水杆,让人感受通过导热管道输送的冷水。夏日清凉的水曲折流动,随着蜿蜒的水流、涟漪和瀑布的物理形态的变化,在每一个弯道上产生独特的水花和蒸发冷却效应(图 7.48)。

图 7.48　泰国曼谷 Mega 美食街的交互式喷泉
造型小品

◆**设计图例**

设计灵感来源于飘舞的袖带,整个造型是雕塑与喷泉的结合,螺旋状的雕塑通过被喷泉所隐藏的立柱支撑,远看就像盘在水柱上的袖带(图 7.49、图 7.50)。

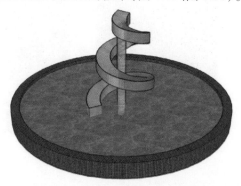

图 7.49　造型式喷泉效果图(A)

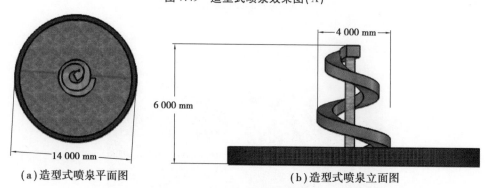

(a)造型式喷泉平面图　　　　　　　　(b)造型式喷泉立面图

图 7.50　造型式喷泉设计图(A)

◆设计图例

该喷泉小品设计灵感来源于中国结,寓意齐心协力。整个喷泉小品由水柱和钢铁材质构成,喷泉随轨迹形成蓝色曲线与钢铁缠绕成中国结的式样,造型独特,主旨鲜明,适合市政广场、城市公园中的景观节点布置(图7.51、图7.52)。

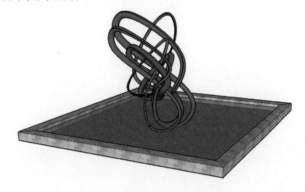

图7.51　造型式喷泉效果图(B)

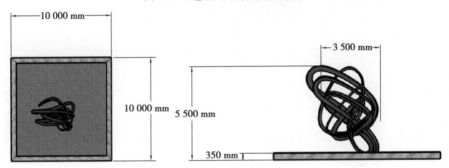

图7.52　造型式喷泉设计图(B)

本章思考题

1.简要阐述景观环境中水景小品的特征。

2.从常见的水景小品中分析水与各种水景小品材质之间的关系,思考哪些材质最适合水景小品。

景观设施小品设计

景观设施小品是城市环境重要的景观构成要素。它具有明显的实用性、功能性和观赏性。按使用功能,它主要分为照明设施、休息设施、景观标识系统、城市公共交通站点、公共卫生设施和无障碍设施等。景观设施小品主要满足人们日常生活所需,因此,该类小品应极易辨认,选址应注意减少混乱且方便易达。在设计时,应充分考虑其与环境、人之间的关系,保证在实现功能性的同时又能达到美化环境的效果。

8.1 照明设施

照明设施能增强对物体的辨识度,提高夜间出行的安全性,保证人们晚间活动的正常开展,同时也能营造环境氛围,为城市景观增添活力。随着城市的不断发展,人们越来越重视城市夜晚景观氛围的营造,城市规划建设中也越来越重视"亮化工程"的建设,其目的是希望通过灯光照明重塑城市夜晚景观形象,打造更有价值的"城市名片"。照明设施的设计不但要考虑必要的夜晚照明,还要注意它在白天的视觉效果。其整体造型要符合环境因素间的关系。

8.1.1 照明设施的分类

照明设施的环境不同,对其照明方式及灯具造型的要求也有所不同。

在照明设施分类中,从整体来说,可分为灯具设备、控制设备和电源设备;从功能要求来分,可分为单纯照明功能类和景观装饰功能类,如高杆路灯、道路灯主要属于以照明功能为主的照明设施,草坪灯、水底灯、彩灯属于具有景观装饰功能的照明设施。当然也有些照明设施同时兼具两种功能,如庭院灯、壁灯、地灯等,它们既有照明作用,也具有景观装饰功能。从发光原理来分,如水银灯、卤素灯、金卤灯、节能灯、LED 灯、冷阴极节能灯等;从安装目的来说,可分为景观照明、大面积照明、装饰照明等。本节主要介绍景观类照明设施。

8.1.2 景灯

在景观设计中,主要使用成品景灯。常用景灯包括高杆路灯、道路灯、庭院灯、草坪灯、地灯、水底灯、壁灯、投射灯、下照灯、埋设灯、嵌入式灯等,还有一些专门造型的景灯,如椰树灯、烟花灯等。

1)高杆路灯

高杆路灯一般是指 15 m 以上钢制锥形灯杆和大功率组合式灯架构成的新型照明装置(图 8.1)。其特点是照明面积大,效果好,光源集中,光照均匀,眩光小,易于调整维修,可以电动升降,操作方便。其适用于公路、立交桥、停车场、港口、休闲广场等,设置间距一般为 90~100 m。

图 8.1　高杆路灯

2)道路灯

道路灯是在道路上设置,在夜间给车辆和行人提供必要能见度的照明设施。道路灯可以改善交通条件,保证驾驶员及行人通行安全,有利于提高道路通行能力(图 8.2)。

(a)卤素路灯　　　(b)太阳能路灯　　　(c)路灯夜晚照明效果

图 8.2　不同形式的道路灯

波兰 Starzyński 大道的道路灯,是战争以前建造的照明小品,考虑到它的历史意义,所以进行了保留。上扬的风帆设计,使它显得不再单调。除去功能价值,它也具有较高观赏价值(图 8.3)。

道路灯通常高 8~12 m,一般间距为高度的 3 倍。道路灯要合理使用光能,防止眩光。所发出的光线要沿要求的角度照射,落到路面上呈指定的图形,光线分布均匀,路面亮度大。根

图 8.3　波兰 Starzyński 大道的道路灯

据道路断面形式、宽度、车辆和行人的情况,道路灯可采用在道路两侧对称布置、两侧交错布置、一侧布置和路中央悬挂布置等形式。不同的布灯方式要求不同的灯具安装高度及灯具间距,其具体要求如表 8.1 所示。

表 8.1　道路灯具布置要求表

布灯方式	灯具安装高度 H	灯具安装间距 S
单侧布置	$H \geqslant W_{\text{eff}}$	$S \leqslant 3H$
双侧交错布置	$H \geqslant 0.7W_{\text{eff}}$	$S \leqslant 3H$
双侧对称布置	$H \geqslant 0.5W_{\text{eff}}$	$S \leqslant 3H$

注释:W_{eff} 是指路面有效宽度。

在道路交叉口、弯道、坡道、铁路道口、人行横道等特殊地点,一般都要设置道路灯,以利于驾驶员和行人识别道路情况。在隧道内外路段和从城区街道到郊区公路的过渡路段的照明,则要考虑驾驶员的眼睛对光线变化的适应性。道路灯的功率、安装高度、纵向间距是配光设计的重要参数。组合好这三个因素,可得到满意的照明效果(图 8.4)。

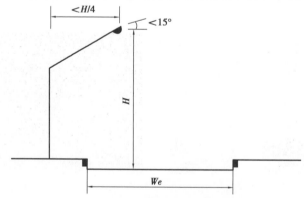

图 8.4　道路灯设置位置及角度要求

道路灯由于安装设置数量比较大,同样需要考虑绿色节能,所以近年来利用太阳能进行供电的道路灯得到广泛使用。

3)庭院灯

庭院灯主要应用于居民小区、公园、广场等公共场所的室外照明,能延长人们户外活动的时间,装饰景观环境。庭院灯发展至今,根据使用环境和设计风格的不同分为欧式庭院灯、现代庭院灯、中式庭院灯三大类。

(1)欧式庭院灯:其设计风格多采用欧洲国家的一些欧式艺术元素,加以抽象的表现形式(图8.5)。

图8.5 欧式庭院灯

(2)现代庭院灯:其设计风格多采用现代的艺术元素,以简约式的手法表现(图8.6)。

(3)中式庭院灯:其设计风格多采用中国古典元素,并加以运用和改型(图8.7)。

图8.6 现代庭院灯 图8.7 中式庭院灯

4)草坪灯

草坪灯被广泛运用于景区、公园、广场、私家花园、庭院、居住区等公共场所的景观绿化中(图8.8、图8.9)。草坪灯属于点缀型灯具,应避免眩光,光线宜柔和。草坪灯一般高度为0.5~0.8 m,布置间距一般为草坪灯安装高度的3.5~5倍。

草坪灯通常在公共场所的道路单侧或两侧用于道路照明,提高人们夜间出行的安全性,用来增加人们户外活动的时间,提高生命财产的安全。同时,又能突显城市亮点,演绎亮丽风格,以至于沿用发展为成熟的产业链。草坪灯还可以改变人们的心情,激发人的情绪,并且能够改变人的观念,创造一个明暗相间的调色板般的夜晚。

5)地灯

地灯又称地埋灯或藏地灯,是镶嵌在地面上的照明设施,自身体积小、间距短,主要以点光源为主。地灯具有防水、耐高温、承重能力强的特点,应用范围较广(图8.10—图8.12)。现多用LED节能光源,表面为不锈钢抛光或铝合金面板、硅胶密封圈、钢化玻璃,可防水、防尘、防漏电且耐腐蚀。

图 8.8　中式古典风格草坪灯

图 8.9　不同样式的草坪灯

(a)广场上的连续彩色地灯

(b)圆形连续地灯

(c)条形地灯

(d)地灯埋在树池中使用

图 8.10　地灯夜晚效果

图 8.11　地灯与台阶结合

图 8.12　地灯对人行道辅助照明

6)水底灯

水底灯通常指装在水底下的灯,一般为 LED 光源。由于安装在水底,需要考虑灯具的防水密封性、防漏电及承受压力的能力。水底灯通电后,可以发出多种颜色,具有较强的观赏性,主要用于喷泉、水体景观的夜晚气氛营造(图 8.13)。水底灯在布局时主要根据水景大小和照明效果控制其间距,连续排列时间距一般控制在 0.5~2.0 m。

图 8.13　各种水底灯照明效果

7)壁灯

壁灯是安装在室内外墙壁上的辅助照明装饰灯具,多在 15~40 W,光线淡雅和谐,对环境有一定的点缀作用。壁灯的种类和样式较多,常见的有吸顶灯、变色壁灯、悬挂式壁灯、预埋式壁灯等(图 8.14)。本节壁灯主要指在庭院或小范围的空间中使用的类型。

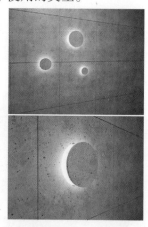

图 8.14　不同形式的壁灯

壁灯的安装高度通常应略超过视平线 10~15 cm,也可以根据设置要求和需要进行高度调节。安装高度不同,照明区域和照明效果也不同,如在离地面较高的位置进行安装时,常与水景、廊、景墙等结合;如安装位置较低时,一般采用预埋安装,常与踏步台阶、花坛、平台等结合,起辅助照明和人流导向作用。

8)投射灯

投射灯,也叫泛光灯。现在使用的投射灯多采用 LED 光源,所以又称 LED 投射灯。单体建筑、历史建筑群外墙的投射灯,起勾勒大型建筑的轮廓、烘托场所气氛的作用(图8.15);用于绿化景观照明、广告牌照明等时,可以突出照射对象;浮雕前的投射灯照明能增加其立体感(图8.16)。

图 8.15　历史建筑外的投射灯

图 8.16　浮雕前的投射灯

9)LED 灯带、彩灯

LED 灯带是指把 LED 组装在带状的 FPC(柔性线路板)或 PCB 硬板上,因其产品形状像一条带子而得名。因为使用寿命长(一般正常寿命在 8~10 万小时),又节能环保,LED 灯带逐渐在各种景观装饰中崭露头角。LED 灯带和彩灯的装饰性很强,可根据需要做成各种颜色和造型,对景观环境的气氛渲染有明显效果,节庆活动中使用较多(图8.17)。LED 灯带沿建筑轮廓布置,可为建筑的整体形态在夜晚的表现起一定的装饰作用(图8.18)。

图 8.17　节庆活动中 LED 彩灯的使用

图 8.18　LED 灯带装饰的建筑

10)景观造型灯

景观造型灯主要通过自身艺术造型、不同光色、明暗变化及动态效果来造景。

景观造型灯是指根据景观环境营造需要设计制作的具有特定造型的景观装饰灯具。这类灯具多为景观装饰用,照明作用相对较弱。其不仅自身具有较高的艺术性、观赏性,还强调艺术灯的景观与景区历史文化、周围环境的协调统一。在我国传统节日,如元宵节前后,部分地方会举行大型灯会,如秦淮灯会、秀山花灯、自贡灯会、上海豫园元宵灯会等。其工艺灯具造型别致、栩栩如生、色彩丰富,增添了节日喜庆的气氛。灯会的举办通常以景观造型灯为主,附带民俗活动,极具传统性和地方特色(图8.19)。

图8.19 节日中的景观造型灯

8.1.3 照明设施布置的总体原则

城市景观照明设施规划布置应该遵循以下原则:

①应与城市的历史、文化特点相适应,符合城市特征,有明显特色。

②应强调城市夜间视觉效果,要做到重点突出,有光有影,层次分明,既有变化,又统一协调、和谐美观。

③应体现出照明技术和艺术的有机结合,使景观照明不但美观,而且具有文化品位。

④应充分体现节约能源和节约资源的绿色照明要求,应遵循以人为本、保护自然生态环境的原则,尽量使用环保灯,以及选用节能环保的材料。

⑤应使市容景观呈现点、线、面相结合,平面、立面、空中相结合,应使景观协调有序、层次错落丰富、光色适度、光影兼备、动静结合、主题突出、效果感人,形成整体景观效果,应具有现代气息、城市特色和高文化品位。

⑥应遵循被照对象的特征、功能、风格、社会历史背景地位、饰面材料及环境,合理设计景观照明和光环境。

⑦被照对象的亮度和色彩应与周围环境既有差别,又和谐统一,不应为突出自己而破坏整体周围环境。

⑧应慎重使用彩色光。

⑨应进行重点部位的特征研究,把握光与影的和谐效果。

⑩照明设计中应减少眩光,防止光污染。

⑪应顾及白天的市容市貌,注意灯具的隐蔽和艺术造型。

⑫应预设按平日或节日分级控制,在不同控制状态下都应有完整的艺术效果。

⑬灯具的布置要均匀,高度要适当,做到最大范围地合理亮化环境。

◆ **设计图例**

该景观灯灯柱采用灰色花岗岩材质,灯头以中国传统窗格为设计灵感,体形小巧。适合放置在偏中式风格的景观环境中,具有较高的观赏价值(图8.20、图8.21)。

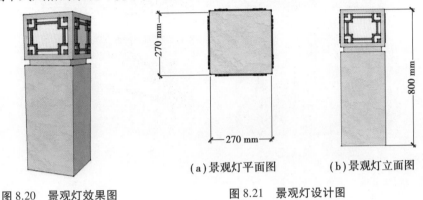

图8.20　景观灯效果图　　　　　　　(a)景观灯平面图　　　(b)景观灯立面图

图8.21　景观灯设计图

8.2　休息设施

休息设施是城市环境中人们休闲、交流不可或缺的设施小品,同时也可作为重要的装饰性景观小品进行设计。因而,如何创造美好的公共休息环境空间,如何设计人性化的公共休息设施,是景观设施设计优劣的一种体现,也是社会对人的关爱,有利于社会多元化的发展。

8.2.1　休息设施的种类

城市景观设计中,休息设施主要包括各类休息坐具、休息亭、观景回廊、栏杆等。其中休息坐具是配置量最大、使用率最高的一种。常见的休息坐具主要指各类座椅,也包括具有活动功能设施的秋千、跷跷板、儿童摇椅等。

常见的休息坐具以座椅的形式存在,有单人、双人和多人座椅,还有带靠背的和不带靠背的等;从设置形式上分为平置式、嵌入式,以及与花坛、台阶、亭廊相结合的形式等。

①单座凳:没有靠背和扶手,可以作人们短暂休息之用,面积较小,因其没有方向性,故在配置组合上较为自由。

②单座椅:设靠背的座椅一般会呈现一定的秩序,被应用在公园、广场、步行街道等处,有户外餐饮的餐厅酒吧等场所也会经常使用单座椅(图8.22)。单座椅的组合方式有点状阵列方式、连续阵列方式和自由组合方式等,采用哪种排列方式根据具体环境而定。

③连座椅/凳:一般以三人连座为标准形态。连座椅/凳应用较广泛,既可供三人使用,也可供两人或四人使用,并可以在上面随意放置一些物品,使用起来比较方便(图8.23)。连座椅/凳一般为固定式,多放置在道路边缘、绿化植物前侧等处,有明确划分空间的作用,较容易与环境配合。

图 8.22　单座椅　　　　　　　　　图 8.23　连座椅

④配遮阳伞的桌椅:配套的遮阳伞和桌椅常见于广场、公园、步行街道、海滩等环境(图8.24)。遮阳伞除了遮阳避雨,也能够用来限定空间,所以,这种形式的休息设施在形式上是较为内聚的。

图 8.24　配遮阳伞的桌椅

⑤形态、长度均较为自由的坐具:根据具体的环境,坐具经常不以固定的形态、长度来呈现。有时为了满足人们更多的需求,坐具也会适当增加其应有的宽度,满足人们更多种类的休息行为。为了和周围景观相结合,坐具也有可能设置为曲线等特殊形态。曲线型坐具能使户外空间更具活力(图8.25)。

图 8.25　曲线型坐具

8.2.2 坐具的材质

1）木材

木材有天然的装饰效果，所以目前常见的坐具多以木材或者仿木材料作为主材。其特点是坐具的接触面触感较好，较为亲肤，冷热适应性好，便于加工塑形。其缺点也比较明显，就是耐久性相对较差，不过随着木材防腐技术的更新和仿木材料的日益成熟，木质坐具还是能够保证不错的耐久性的。

常用的木质材料主要有防腐木、碳化木、塑木等，其中防腐木作为户外座椅的常用材料，其优势在于防腐、防霉、防虫、防蛀，持久耐用且自然美观、环保舒适（图8.26）。

图 8.26　防腐木座椅

2）石材

石材也是户外坐具常见的使用材料之一。石材坐具的特点是坚硬耐腐蚀，耐久性能强，承载性好。但是作为坐具材料，石材的亲肤性较差，表面冷热变化明显，且加工技术等有限，表现形态较少（图8.27）。

图 8.27　石材座椅

3）混凝土

以混凝土作为坐具主材，总体较为坚固耐用，材料耐久性也比较好，同时混凝土材料的吸水性强，雨天后能较快干燥，提高了座椅在不佳天气的使用率（图8.28）。但是这种材料触感不好，在使用感受上相对较差。

图8.28　混凝土座椅

4)金属

　　现在可用作坐具的金属材料比较多,如不锈钢、铝合金、铸铁(需进行防锈处理)等。金属材质的户外坐具总体来说耐久性和耐用性相对较好,但是由于材料本身的冷热传导性高,坐具表面的冷热变化明显,所以舒适性较差(图8.29)。

图8.29　金属座椅

5)塑料

　　塑料材料易加工,色彩丰富,一般适宜做坐具的面,以其他材料做脚部(图8.30)。但塑料易腐蚀变化,强度和耐久性较差。为了改变材料的特性,可采用塑料、混凝土相结合的复合材料,以增强材料的强度。

图8.30　塑料座椅

　　总体来看,目前的坐具既可以采用单一材质,也可以将两种不同材质组合使用,根本目的是充分发挥材质本身的特点。

　　如今城市空间中除了单一材料的座椅,更多的是复合材料或者常见材料的综合应用。例如,波兰华沙维斯瓦河滨河景观大道上的部分座椅采用混凝土、石材与木材来制作。同色系的木材,使整个景观大道的风格保持统一,多样性的造型又不会让整个大道变得单调。采用混凝土与石头,可以使座椅更加牢固,能抵挡洪水的威胁(图8.31)。

图 8.31 华沙维斯瓦河滨河景观大道上常见座椅材料的综合应用

8.2.3 休息设施的功能

从使用功能来看,它主要包括三个方面:第一,为城市居民的日常生活活动服务;第二,分隔和充实空间;第三,组成和划分不同功能区域。从审美的角度看,它也有三个方面:第一,城市景观审美的体现和物化;第二,文化信息的传递;第三,构成场所氛围,作为景观要素。在坐具布局设计过程中,这两个大的方面是要始终考虑的。在物质生活高度丰富的当下,休闲坐具不仅是人们休闲活动的必要设施,也是城市景观、文化特征的重要体现(图 8.32)。

图 8.32 与环境结合的座椅

8.2.4 休息设施的尺度

坐具的设计首先应该符合人体工程学,因为不同场合的环境、面积等因素存在差异,人们的需求也存在很大差异,所以户外坐具的尺寸也有很多种。设计公共场所的坐具时,应考虑使用者的需要,按一定比例放大。

户外坐具一般座面宽为 400~500 mm,相当于人肩的宽度,高度一般为 400~700 mm,以适应人脚部到膝关节的高度,附设靠背的坐具靠背长度一般为 350~400 mm。坐具的靠背倾角以 100°~110° 为宜。

8.2.5 休息设施设计的总体原则

(1)人性化原则

坐具作为城市公共设施,主要的服务对象是人,所以人性化是设计的根本原则。人性化原则主要体现为人对坐具的使用习惯,关注弱势群体,考虑无障碍设计,充分考虑人体工程学设计,最大限度地保护使用者的健康等。

（2）与公共环境协调的原则

公共坐具作为城市公共设施,是构成城市环境的一部分,它不是孤立存在的,应该与城市的公共空间、景观环境协调一致。户外坐具与公共环境的协调表现在三个方面,其一是与自然环境的协调,其二是与人文环境和社会精神文明的协调,其三是与公共休闲环境的主题相应(图8.33)。

图8.33　与公共环境协调的座椅

（3）耐久性、安全性原则

户外坐具通常设置在露天环境中,每天都要经历天气变化等外界环境的考验,很容易受到破坏,还存在人为破坏的情况。如何提高户外坐具的使用率,降低其受损坏的程度,在材料、结构上要把握耐久性原则,同时要注意材料的安全性。

（4）艺术性与技术性相结合的原则

公共坐具作为公共物品,同时具备功能性和美观性。在公共坐具的设计和布置中,应考虑艺术性与技术性的结合,保证坐具功能性的同时使用艺术手法使其造型美观,起到装饰环境的作用(图8.34、图8.35)。

图8.34　与景观小品结合的座椅

（5）功能性原则

公共坐具设计的根本是为公众使用,所以坐具必须以实用性为先。但户外坐具的实用性不仅仅是让使用者便于使用,同时也让一座城市或一个文化广场、一个公园将因这些坐具的加入而变得更有效、更方便、更快捷、更清晰、更富有秩序感。

图 8.35   具有艺术性的户外座椅

因此，设计时要着重考虑尺度的标准化、结构的相似性、构件的通用性和互换性，通过构件单元的标准化设计，按不同的组合方式建成不同的休息设施。

◆**设计图例**

多功能休闲座椅主体部分为花岗岩，其颜色美观且具有一定质感，承重性能较好；椅面采用防腐木，经久耐用；同时加入了植物材料的应用，在提高观赏性的同时也增加了环境中的绿化面积（图 8.36、图 8.37）。

图 8.36   多功能休闲座椅效果图

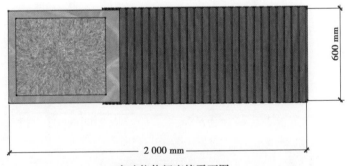

（a）多功能休闲座椅平面图

（b）多功能休闲座椅立面图

图 8.37   多功能休闲座椅设计图

扬·盖尔在《交往与空间》一书中写道:"座位的布局必须在通盘考虑场地的空间与功能质量的基础上进行。每一条座椅或者每一处小憩之地都应有各自相宜的具体环境,置于空间内的小空间中,如凹处、转角处等能提供亲切、安全和良好微气候的地点,这是一条规律。只要有足够的空闲座位,人们总是会挑选位置最佳、最舒适的座位,这就要求有充裕的基本座位,并将它们安放到精心选定、章法无误的地方,这些地方能为使用者提供尽可能多的有利条件。"

◆ 设计要点

公共坐具的选址是否合理,设置是否优化,直接影响坐具的使用率及人们的使用感受。在设置中一般根据"边界效应"原则进行布置,同时应保证使用者"坐有所视"。在克莱尔·库珀·马库斯的著作《人性场所——城市开放空间设计导则》中,设计要点如下:

①位置应在潜在使用者易于接近并能看到的位置;

②明确地传达该场所可以被使用,该场所就是为了让人使用的信息;

③空间的内部和外部都应美观、具有吸引力;

④配置各类设施,以最大限度地满足人的活动需求;

⑤使未来的使用者有保障感和安全感;

⑥在合适的地点,向人们提供缓解城市压力的调剂方式,有利于使用者的身体健康和情绪安宁;

⑦尽量满足最有可能使用该场所的群体的需求;

⑧鼓励不同群体使用,并保证一个群体的活动不会干扰其他群体的活动;

⑨在高峰使用时段,考虑到日照、遮阴、风力等因素使场所在使用高峰时段仍然保持环境在生理上的舒适;

⑩让儿童和残疾人也能使用;

⑪有助于开放空间管理者奉行的各项行动计划;

⑫融入一些使用者可以控制和改变的要素(如托儿所的沙堆,老人住宅中的花台,城市广场中的互动式雕塑和喷泉);

⑬通过某些形式,如让人们参与该空间的设计、建造及维护的过程,把空间用于某种特殊的活动,或在一定时间内让个人拥有空间,让使用者无论是个人还是团体的成员享有依恋并照管该空间的权利;

⑭维护应简单经济,控制在各空间类型的一般限度之内(如水泥广场可能易于维护,但不适用于公园);

⑮在设计中,对视觉艺术表达和社会环境要求应给以相同的关注,过于重视一方面而忽视另一方面,会造成失衡的或不健康的空间。

常见的布置地点如下:

①在广场的边缘设置坐具;

②在人流集中、交替性强的场所设置坐具;

③在一些半私密空间的区域设置坐具;

④在小型公园和袖珍公园的入口或入口附近设置座位;

⑤校园的户外空间应受到更多的关注,考虑在交流和学习的公共空间设置坐具;

⑥住宅区要为老人或居民提供"舒适、安全和保障、易于通达"的户外空间及同他人相遇和交流的机会,要提供足够的座椅和空间来容纳多种活动、静坐、观赏和交谈;

⑦医院户外空间中最频繁的活动是放松休息、就餐、谈话、散步以及户外治疗,应该为这些活动提供坐具设施。

8.3 景观标识系统

景观标识系统是景观环境中起引导、指示和信息展示等作用,同时也具有一定造型艺术,对空间起装饰作用的景观设施。景观标识系统不是孤立的单体设计或简单的标牌,而是整合品牌形象、建筑景观、交通节点、信息功能甚至媒体界面的系统化设计。在特定的环境中,其风格、形式和功能指向是有所不同的。目前常见的景观标识系统包括指示牌、信息展示牌、路牌等(图8.38)。

图8.38　常见的景观标识系统

在环境导视系统的设计中,要注意三个基本要素:功能性、协调性、合理性。

①功能性。即设置标识的根本目的是提供视觉导向,所以要充分考虑使用者的需求。标识设计缺失了可识别度就丢失了它的功能本性,也就失去了它存在的必要性。

②协调性。指作为指示信息的载体要和场地中的建筑及室外景观环境有机结合,比如采用相近的材料、相协调的颜色、相呼应的造型甚至工艺等,使其与建筑和环境和谐统一,成为室外环境的景观。

③合理性。环境导向标识设计最终是要制造出符合设置需要和景观小品要求的作品,所以标识设计的合理性是设计的重要因素之一。协调统一且优美的造型样式,合理的材料选用,可实现的加工工艺,简便的安装维修方式,都是完成环境导视系统设计的必要条件。

8.3.1　景观标识系统的功能和分类

景观标识系统的功能为识别与指示。这项功能有两层含义:一层是空间目标引导,指明场所、方位、道路和行为的动势,例如场所入口、卫生间、停车场的位置引导等;另一层是寻路者心理上的识别,即在景观标识系统设计的形式、造型、质感以及安装位置上应该体现出文化或区域的文化特点。成都宽窄巷子的景观标识系统的材质、颜色、造型均与宽窄巷子的传统建筑风格相匹配,使景观标识系统与环境融合的同时也具有场地特色。标识内容包括地图、文字注释、方向指示、场所标识等,具有较强的识别功能(图8.39)。

根据导视系统的空间位置,我们将其分为道路交通标识系统、公共建筑标识导视系统、校园环境标识导视系统、医院标识导视系统、商业环境标识导视系统、住宅环境标识导视系统、

图 8.39　景观标识系统的识别功能

风景区和园林景观标识导视系统等。其作为导视系统同时又在室外环境中承担景观小品功能。

根据空间引导和信息传达的功能,我们可以将环境导视系统分为识别、方向、空间、说明及管理五大类型。

（1）识别导视系统

识别导视系统主要表示人所处所见空间场所为何地或何物,主要包括以区别为目的的设计。例如,地标性建筑、壁画、雕塑、卫生间和停车场等(图 8.40)。

图 8.40　识别导视系统
——户外环境识别

（2）方向导视系统

方向导视系统主要是指通过箭头等指示信息通往特定场所及设施等的路线标识。这类设计以导视通行方向为目的,适合直接对目的地进行诱导的场合。例如,路标、看板和箭头等(图 8.41)。

图 8.41　方向导视系统——指定入口或方向识别

（3）空间导视系统

空间导视系统是指在视觉上或者触觉上通过地图或图形来表示位置关系。它是以全面的指导为原则,让使用者能够在把握整体构造的前提下,有选择地利用空间位置信息,引导使用者到达目的地(图 8.42)。

（4）说明导视系统

说明导视系统一般出现在容易引起歧义的环境，或是以需要说明情况为目的，执行着管理者的意图和设施内容的功能。为了更加准确地解释歧义或说明情况，此类导视系统设计以文章的形式出现居多（图8.43）。

图8.42　空间导视系统——哥白尼科学　　　图8.43　说明导视系统
中心空间导视　　　　　　　　　　　——日本迪士尼园内
说明导视

（5）管理导视系统

管理导视系统是以提示法律和行政规则为目的，一般情况下以表示要求注意的项目居多，执行督促人们注意行动安全及遵守秩序的功能（图8.44）。

图8.44　管理导视系统

8.3.2　导视系统的设计

导视系统是环境信息传播的主要媒体，所以其设置位置应醒目，且不对行人交通及景观环境造成妨碍。导视文字应规范准确，图示应简洁、易于理解，材料应经久耐用、方便维修。

导视系统在设计中除了遵循以上原则外，还应该注意联系所处场地周边环境特点，提取地方历史文化，配合整体景观设计需要，将导视系统作为景观设计的一部分进行思考和定位，发挥自身功能的同时充分体现景观小品在环境中的点缀和美化作用。

◆ **设计图例**

本设计以圆、矩形、三角形等基本几何形状为设计基本元素，将象征严密数学的几何图形与富有想象力的拼接设计相结合，以玻璃不锈钢、防腐木、钢筋混凝土、发光灯带为硬质材料，以攀藤类植物为软质材料与垂直绿化。以现代简约风为基调,创造出一套符合洪山文创园整体环境的标识导向系统(图8.45)。

图8.45　洪山文创园景观标识设计图

本设计采用直线和弧线的灵活结合构成主题骨架,以玻璃、不锈钢、防腐木、钢筋混凝土、发光灯带作为导视牌的硬质材料,展现出洪山文创园细致缜密而不失活力的整体风格。

本组标识设计位于场地内街标识,四个标识外形统一,文字标识不同,设计的外形采用几何元素,标识位于每个街口出入口,因此选用细长状,方便路人通行。此外,采用LED灯光效果,加强标识作用。

小品位于设计场地主标识位置,整个标识设计以"塔"为设计原型,呼应后面的烟筒,整个面用反光镜面作为基调,内部用LED灯显示场地的区位地图。右上角设计当中使用了发光灯带为材料之一,采用充满活力与象征冷静的橙色与白色相结合,使这一组标识系统无论是白天还是夜晚都能良好地发挥指示功能(图8.46、图8.47)。

图8.46　商业区景观
　　标识设计效果图

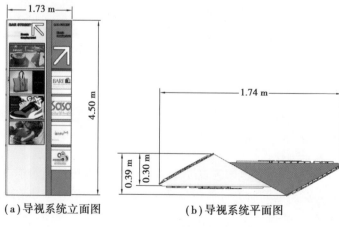

(a)导视系统立面图　　(b)导视系统平面图

图8.47　商业区景观标识设计图

8.4 城市公共交通站点

在景观设施小品中,还有一部分是配合城市公共交通运行和使用的小品,如自行车停放处、公交候车亭等。这些小品既是公共交通设施的一部分,同时也是城市道路空间小品的一部分。

8.4.1 自行车停放处

如今,低碳城市、零碳城市的发展理念逐渐植入城市规划设计中,低碳出行更是得到了大力提倡,加之共享单车的推行,很多人又重新选择自行车出行,因此自行车的停车场也成了城市里重要的配套设施(图8.48)。

图 8.48 常见的自行车停放处

自行车停放处的设计应注意:第一,考虑其便利性,在不影响城市交通和市容市貌的前提下尽可能分散布点。第二,车辆停放方便自如,安全可靠。第三,自行车停放设施要以醒目的标识引导自行车存放活动,让车主容易识别,易于找到。停放处还应考虑遮风挡雨,避免阳光直射。第四,从街道景观设计的角度考虑,自行车停放设施可以与花池、水体、雕塑及标识牌等组合设计,既有利于节省空间,也可以创造出整洁美观的街道环境。同时,作为道路设施小品的内容之一,应对设施的造型艺术、文化要素和环境协调等进行充分的考虑(图8.49—图8.52)。

图 8.49 可以收纳的自行车停车位　　**图 8.50 与绿化景观结合的自行车停车位**

图 8.51　与座椅结合的自行车　　　　图 8.52　壁挂式自行车
　　　　　　停车位　　　　　　　　　　　　　　停车位

◆ **设计图例**

　　本设计为采用钢筋与钢化玻璃相结合的具有现代风格的自行车停放处。其停放方式区别于传统的停放方式。等距的钢架分割不仅节省空间,而且方便停放和快速提取。钢架结构的设计来源于自行车脚踏板的形状,并对其进行简化变形而得到(图 8.53)。

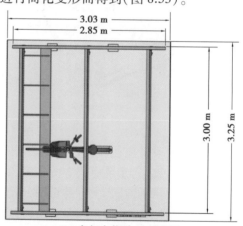

(a)自行车停放处效果图　　　　　　　　(b)自行车停放处平面图

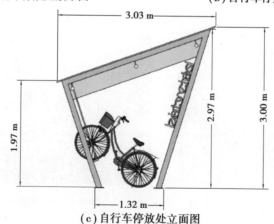

(c)自行车停放处立面图

图 8.53　自行车停放处设计图

◆ **设 计 要 点**

①自行车停放处原则上不设在交叉路口附近。出入口不应少于两个,宽度不小于2.5 m。

②自行车停放处主要设计指标应不小于表8.2所示数据。

表8.2　自行车停放处设计指标

停车方式		停车带宽/m		车辆横向间距/m	过道宽度		单位停车面积/m²			
		单排	双排		单排	双排	单排一侧停车	单排两侧停车	双排一侧停车	双排两侧停车
斜列式	30°	1.00	1.60	0.50	1.20	2.0	2.20	2.00	2.00	1.80
	45°	1.40	2.26	0.50	1.20	2.0	1.84	1.70	1.65	1.51
	60°	1.70	2.77	0.50	1.50	2.6	1.85	1.73	1.67	1.55
垂直式		2.00	3.20	0.60	1.50	2.6	2.10	1.98	1.86	1.74

8.4.2　公交候车亭

公交候车亭是与公交站台相配套的,为方便市民候车时遮阳、防雨等,在车站、道路两旁或绿化带的港湾式公交停靠站上建设的交通停靠设施,同时也是城市道路空间小品。城市公交候车系统是一个综合的公共设施,主要构成包括主亭结构、站牌、公共信息牌(广告牌)、隔板、挡板、支柱、休息凳和垃圾箱等。对候车亭及其附加功能而言,它们发挥作用的过程就是人与环境、人与设施、设施与环境之间相互作用、相互对话的过程。人性化的公交候车亭,可以在功能上为广大市民乘车出行提供更多便利;外观造型上美观大方,可以提升整个城市的形象,增强城市的文化竞争力(图8.54)。

图8.54　公交候车亭

公交候车亭作为城市公共设施,设计鲜明的特色能够体现每一座城市自己的特色。城市环境空间是复杂多变的,公交候车亭系统设施形态、功能的不同,环境中使用者的多少、性格、地域、文化层次、宗教等各方面的差异,就需要不同风格的设施系统与之相配,以呈现不同城市或同一城市不同地段的多元化格局。带有城市文化特点和景观要素的公交候车亭系统设施往往作为环境小品以调节人们的情绪与感情。独特的设计语言,与城市环境呼应的形态,在一定程度上反映城市环境的精神风貌及文化倾向,可以很好地丰富城市景观环境,给使用者带来愉悦和美的享受。城市公交候车亭系统设施必须面向大众,适应各年龄层次、多文化层面对象的需求,体现对使用者最大程度的接纳。其造型、色彩、材质的运用体现了城市的文化性。该如何协调人与环境的关系,完善公交候车设施系统,使其更好地凸显城市形象和服务使用人群,是对公交候车亭设计的要求。公交候车亭的主要构成要素由使用人群、设施组成,同时不能忽略其本身与城市环境的关系问题。其组成模块如下:

①指示功能模块:如站牌、信息查询平台;要求信息传达准确,识别性强。

②休息座椅:要求满足人短时间的休憩要求,坚固耐用,易清洁。

③商业信息传递模块:如广告牌、广告塔、广告位、售卖店等;要求信息传达快捷,同时考虑白天、夜晚两种效果。

④围护模块:如天棚、立面、栏杆;要求起到围护的作用,同时满足防盗、采光、照明、遮阳等要求。

⑤服务模块:如垃圾箱、垃圾桶、电话机、擦皮鞋机、公共厕所;要求挖掘用户潜在需求,提供贴心服务。

⑥照明模块:如天然采光、人工光源;要求提供良好的光环境,有节能、环保要求。

随着城市的发展和科技水平的提高,在公交候车亭的设计中也应着重考虑智能系统的引入,如智能公交系统、智能城市信息交互系统等。这在增加公交候车亭科技感的同时进一步提高了使用者的便利性和舒适度①(图8.55)。

图8.55 智能化公交候车亭

◆设计图例

该设计以曲线线条为主,灵感来源于流动的河水。候车亭顶部采用有机反光玻璃,强日照情况下也能有效遮挡阳光;顶部的曲线连接着下方的坐椅,让整个房间活跃轻盈;候车亭右侧采用LED屏显示班车时刻表及当前位置。曲线铺装也与立面相呼应,使其整体性更强。防腐木和有机材料的使用增加了候车亭的使用年限(图8.56、图8.57)。

---

① 通过云计算、电子显示设备、公交信息实时反馈等功能,来丰富候车亭的服务功能,为使用者提供多样化的服务。

图 8.56　多功能智能化公交候车亭效果图

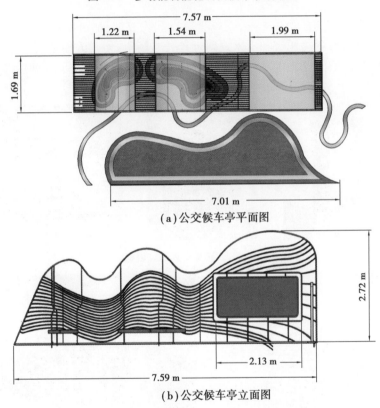

（a）公交候车亭平面图

（b）公交候车亭立面图

图 8.57　多功能智能化公交候车亭设计图

◆ **设计要点**

①公交候车亭设施应达到防雨、抗震、抗风、防雷、防盗的要求,要符合消防验收的规定;

②公交候车亭广告窗口、站牌、公共信息牌(用于设置城市地图或该站位置图,条件成熟时可用于设置电子智能公共信息系统)必须设计灯光照明装置;

③公交候车亭应充分遮阳避雨,设置坐凳和盲人道,准确、合理地标示公共信息等;

④构成公交候车亭各要素必须综合考虑,作为整体统一协调设计;

⑤公交候车亭在满足功能性的同时还应考虑美观性,满足城市景观小品的设计要求,设计上体现城市的风貌特点;

⑥公交候车亭按其设置的位置,分为沿人行道边缘及沿机动车在机动车道分隔带设置两种;按几何形状又分为港湾式和非港湾式两类。候车亭一般布置在道路两侧人行道边,如果道路上设有机动车道和非机动车道分隔带则沿分隔带设置停靠站。

8.5　公共卫生设施

公共卫生设施与人们的日常生活最为密切。环境卫生公共设施主要指公共厕所、垃圾箱、公共饮水台等。本节主要介绍在城市公共空间中作为设施小品出现的垃圾箱和饮水台。

8.5.1　垃圾箱

垃圾箱分为固定式和移动式两种,一般呈方形和长方形,也可以根据需要设计特定的造型。垃圾箱普遍设置在道路两旁和出入口附近等公共场所,便于人们使用。其造型应与周围景观相协调,可结合绿化、花坛等进行设置和隐藏,或结合其他景观小品创造多功能用途(图8.58—图8.60)。

图 8.58　不同样式的垃圾桶

图 8.59　与景区风格统一的垃圾桶

图 8.60　分类式垃圾箱

◆**设计图例**

提炼儿童简笔画式"家"的造型,用于分类式垃圾箱的设计,寓意垃圾有家可归。设计造型朴素简易,取材于木条纹,使分类式垃圾箱显得自然随和。整体效果而言,垃圾箱采用"家"的几何线条勾勒轮廓容易被行人捕捉,在环境中让人留下清晰的垃圾投放点的印象(图 8.61、图 8.62)。

图 8.61　分类式垃圾箱效果图

◆**设计要点**

①道路两侧或路口以及各类交通客运设施、公共设施、广场、社会停车场等的出入口附近应设置垃圾箱。垃圾箱应卫生、耐用、美观,并应能防雨、抗老化、防腐、阻燃。

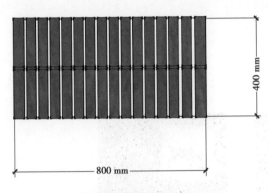

(a)分类式垃圾箱平面图

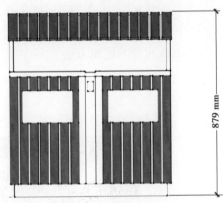

(b)分类式垃圾箱立面图

图 8.62　分类式垃圾箱设计图

②垃圾箱应有明显标识并易于识别。

③城市道路两侧的垃圾箱的设置间隔应符合下列规定。商业、金融业街道:50~100 m;主干路、次干路、有辅道的快速路:100~200 m;支路、有人行道的快速路:200~400 m。(镇乡建成区道路两侧设置垃圾箱间隔应乘以 1.2~1.5 的调整系数计算。)

④普通垃圾箱的规格为:高 600~900 mm,宽 400~600 mm。

⑤广场应按每 300~1 000 m² 设置一个垃圾箱。

8.5.2　公共饮水台

公共饮水台又称户外直饮机、街头直饮机,常安装在广场、公园、机场、风景区、旅游区及繁华路段等人流较密集的公共场所,是为人们提供饮用水的公共设施(图 8.63)。健康饮水是一个国家现代文明的体现,在西方发达国家,公共直饮水设备早已屡见不鲜。我国在短短的几年时间,公共饮水台在沿海地区已经率先使用,走进人民的生活,不仅为现代化都市平添了一道亮丽的风景,而且避免了乱丢塑料水瓶、一次性水杯造成的环境污染。

公共饮水台通常以城市自来水为水源,经过专业的净化技术工艺处理后可有效地去除水中的杂质、异味以及对身体有害的物质,制出的水卫生可靠,水质达到国家规定的直接饮用水标准。

图8.63 户外直饮水设施

1)公共饮水台的主要用途

可用于公共饮水、户外饮水、运动场饮水、公园公共饮水、学校公共饮水、篮球场公共饮水、公交站公共饮水等户外公共饮水。

2)公共饮水台的使用方法

在饮用水净化设备户外公共饮水台前,游客只要轻轻按压喷嘴龙头,身体稍稍前倾,头部伸至水盆上方,直饮水就会呈抛物线流出,饮水者的嘴唇不会接触到出水口,水质即时净化,安全卫生(图8.64、图8.65)。

图8.64 方便用容器接取的公共　　图8.65 为宠物提供饮水
　　　　饮水设施　　　　　　　　　　的设施

3)公共饮水台的特点

①按压式喷水龙头,免杯饮水,符合低碳环保理念;

②水盆采用不锈钢材质,不易生锈,较为卫生;

③整体边角光滑圆润,安装在公共场所更安全;

④可以进行各种款式造型设计,满足不同的场所需求,安装方便,节省空间;

⑤采用防破坏设计,公共场所使用更安心;

⑥排水管路全部安装在饮水台内部,外观整洁;

⑦即开即饮,直饮水通过循环消毒管网输送,供应水质安全新鲜、口感更好;

⑧分质供水,把饮用水和生活水彻底分开,废水可回收利用,节约水资源;

⑨物理过滤,利用膜分离技术,安全高效地除去细菌病毒,保留有益微量元素和矿物质;

⑩寿命长久,制水工艺成熟,能确保长期稳定运行,运行成本低廉;

⑪无须专人值守。

◆ **设 计 图 例**

饮水台体形小巧,采用大理石与不锈钢材质,经久耐用。其现代化设计风格,在凸显其使用功能的同时,也能与周围建筑及其他小品较好地融合(图8.66)。

(a)公共饮台效果图

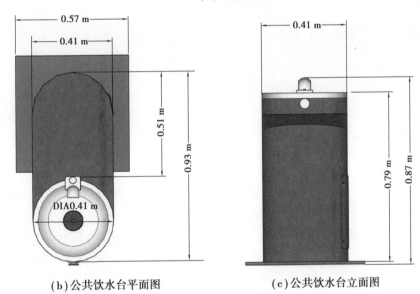

(b)公共饮水台平面图　　　　(c)公共饮水台立面图

图8.66　公共饮水台设计图

◆ **设 计 要 点**

①饮水器可单独设置,采用碗式饮水器,也可集中设置在公共饮水台上,采用手掀式、按钮式饮水器。

②公共饮水台上每只饮水器间距不宜小于700 mm,饮水器所需压力为0.05 MPa。

③作为一种公共设施,要突出公用性原则,其设计的要点是要突出人性化,有文化底蕴,平易近人,才可以很容易让别人去接受,最好是可以和中国的文化相结合。

8.6 无障碍设施

8.6.1 无障碍设计的概念

无障碍设计的概念始见于 1974 年,是联合国组织提出的设计新主张。其强调在科学技术高度发展的现代社会,一切有关人类衣食住行的公共空间环境以及各类建筑设施、设备的规划设计,都必须充分考虑具有不同程度生理伤残缺陷者和正常活动能力衰退者(如残疾人、老年人)的使用需求,配备能够应答、满足这些需求的服务功能与装置,营造一个充满爱与关怀,安全、方便、舒适的现代生活环境。

无障碍设施,指方便残疾人、老年人等行动不便或有视力障碍者使用的安全设施。景观小品作为城市景观中的点睛之笔,不仅要表现其艺术性,还应该充分体现其功能性,这就要求景观小品无论是在实用上还是在精神上,都要满足人们的需求,尤其是公共设施的功能设计是更为重要的部分,要以人为本,体现人文关怀。因此,在景观小品设计中,充分考虑无障碍设计是非常必要的。

8.6.2 景观小品无障碍设计原则

无障碍设计是设计环节中必须包含的内容,就其本身而言并不复杂,结合使用对象充分考虑受众使用的便利性和人体工程学特点就能够较好地解决无障碍设计。其关键的问题是应提升设计人员的无障碍意识以及设计和实施过程中细部构造的处理,这是十分必要的。因此,只要在景观小品设计中无障碍设计被认真地考虑并重视,无须花费很多的精力和财力,就能够消除游赏过程中给游人带来的不便及障碍。

（1）无障碍性

景观环境中,应充分考虑无障碍物和危险物,景观小品作为景观环境的重要组成部分,更应该考虑不同使用者的行为方式,以及生理和心理条件的不同。设置景观小品的目的在于提高人与环境的互动性,所以在设计中应尽可能地避免使用者自身的需求与现实的环境产生距离,避免使用者的行为与环境的联系发生困难。因此,景观小品设计必须坚持以人为本的思想,设身处地为老弱病残者着想,要以轮椅使用者和视觉残疾者为基准,积极创造适宜的园林空间,以提高他们在园林环境中的自立能力。

（2）易识别性

特殊人群由于身心机能不健全或衰退,或感知危险的能力差,即使感觉到了危险,有时也难以快速敏捷地避开,或者因错误的判断而产生危险。因此,缺乏空间标识性,往往会给他们带来方位判断、预感危险上的困难,随之带来行为上的障碍和不安全。设计上要充分运用视觉、听觉、触觉的手段,给予他们以重复的提示和告知。并通过无障碍设计、空间层次和辅助措施,以合理的空间序列、形象的特征塑造、鲜明的标识示意以及悦耳的音响提示等来提高园林空间的导向性和识别性。

（3）易达性

无障碍设计最重要的特性就是景观和小品设施的易达行、便捷性和舒适性。残障人士和老年人往往行动不便,因此要求景观场所及设施必须便于到达、使用和接触。因此,在景观小品的设计中要充分考虑设施的无障碍设计,为他们积极提供参加各种活动的可能性。从规划上确保他们自入口到各景观空间之间至少有一条方便、舒适的无障碍通道及其必要设施,并让他们有通过付出生理上的努力,能得以到达需要到达的场所而带来的心理满足感。

(4)可交往性

可交往性是景观环境或景观小品应通过无障碍设计尽可能实现人与空间或小品设施的可交往性。因此,在具体的设计上,应多创造一些便于特殊人群交往互动的空间,以及进行相聚、聊天、娱乐等活动的小品设施,尽可能满足他们由于生理和心理上的不便而对空间环境和小品设施的特殊要求和偏好。

(5)安全性

安全性是无障碍设计最重要的原则。针对行动不便者的环境障碍,无障碍设计要保证景观小品设计的安全性。

(6)经济性

在景观小品的无障碍设计中,要在满足适用的前提下,考虑造价,因为这是投资方愿意增设无障碍设施首先需要考虑的因素。可采取材料的重复利用、选择性价比高的材料等措施达到经济性的目的。

8.6.3 景观小品细部无障碍设计

园林景观小品中的无障碍设计,除了对环境空间要素的宏观把握外,还必须按照国家关于无障碍设计相关要求对一些小品细部设计进行考虑,如对坡道、盲道、指引标识等细部做细致入微的考虑。

1)园路

无障碍游览园路应结合公园绿地的主路设置,能到达主要景区和景点,并能形成环路。小路可到达景点局部,不能形成环路时,要便于折返。园路的纵坡应方便乘轮椅者通行,宜小于5%,山地宜小于8%。无障碍主园路不宜设置台阶、梯道,必须设置时应同时设置轮椅坡道。园路坡度大于8%时,宜每隔10~20 m在路旁设置休息平台。另外,要十分重视盲道运用的诱导标识的设置,特别是对于身体残疾者不能通过的路,一定要有预先告知标识;对于不安全的地方,除设置危险标识外,还须加设护拦,护拦扶手上最好应注有盲文说明。

无障碍园路地面应平整、防滑、不积水,尽可能做到平坦无高差、无凹凸。必须设置少量高差时,应在20 mm以下,并以斜面过渡。路宽应在1 350 mm以上,以保证轮椅使用者与步行者可错身通过。

紧邻湖岸的无障碍园路应设置护栏,高度不低于900 mm;在地形险要地段应设置安全防护设施和安全警示线。

公园道路不直设排水明沟,必须设排水明沟时,必须上覆盖子。明沟盖子上的孔洞宽度不应大于15 mm,以免拐杖或轮椅的轮胎被卡住。另外,应重视无障碍设施标识的设置。

2)坡道

坡道对于轮椅使用者来说尤为重要,最好与台阶并设,以供人们选择。坡道要防滑且缓。坡道主要为使用轮椅者和使用台阶不便者通行设置。坡道的宽度应不小于700 mm,宜设置为1.2 m,回转空间不应小于1.5 m,宜为1.5~2.1 m。坡道和台阶的起点、终点及转弯处,都必须设置水平休息平台,并且视具体情况设置扶手和照明设施(图8.67)。

供轮椅者使用的坡道,可为直线形、直角形或折返形坡道等。不应设计成圆形或者弧形,以防轮椅在坡面上因重心倾斜而摔倒。园林场所中需设置轮椅坡道的情况如表8.3所示。

图 8.67　无障碍坡道的不同坡度

表 8.3　园林场所中需设置轮椅坡道的情况

园林场所	设置轮椅的具体情况
院落	院落的出入口以及院内广场、通道有高差时
亭、廊、榭、花架	有台明和台阶时
码头	与无障碍园路和广场的衔接处有高差时
桥	桥面与园路、广场衔接有高差时
茶座、咖啡厅、餐厅、摄影部	入口有高差时

◆ 设计图例

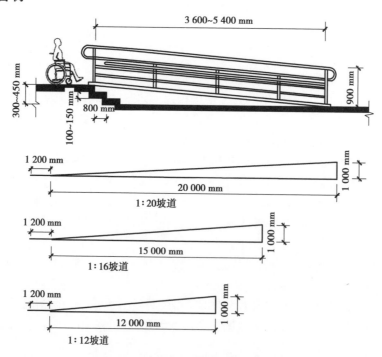

图 8.68　无障碍坡道不同坡度的设计

◆ 设计要点

无障碍坡道的设计根据不同的设施类别,依照不同的设计要点进行设计,如表8.4所示。

表 8.4　坡道、台阶和轮椅席位的设计要点

设施类别	设计要点
坡道	园林绿地内的人行通道、凉亭茶座、休息座椅等部位的入口和通道地面有高差或有台阶时,应设置方便轮椅通行的坡道与扶手; 坡道可以与台阶并设,坡道的宽度应大于 1 500 mm,应防滑且宜缓,纵向断面坡度宜在 1/17 以下,条件所限时,也不应大于 1/12; 坡长超过 10 m 时,应每隔 10 m 设置 1 个轮椅休息平台
台阶	台阶踏面宽应为 300~350 mm,级高宜为 100~150 mm,幅宽至少 900 mm 以上,踏面材料应防滑; 坡道和台阶的起点、终点及转弯处,都必须设置水平休息平台,并宜设置扶手和照明设施
轮椅席位	茶座、咖啡厅、餐厅、摄影部等设施应提供一定数量的轮椅席位; 休息座椅旁应设置轮椅停留空间

3)盲道

盲道是专门帮助盲人行走的道路设施。一般由两类砖铺就,一类是条形引导砖,引导盲人放心前行,称为行进盲道;一类是带有圆点的提示砖,提示盲人前面有障碍,该转弯了,称为提示盲道(图 8.69)。盲道的纹路应凸出路面 4 mm 高。其铺设应进行规划和设计,避开树木(穴)、电线杆、拉线等障碍物。盲道的颜色宜与相邻的人行道面砖的颜色形成对比,并与周围景观相协调,宜采用中黄色(图 8.70)。盲道铺砖样式图如图 8.71 所示。

图 8.69　行进盲道和提示盲道　　　　图 8.70　人行道中的盲道铺设

◆设 计 图 例

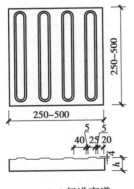 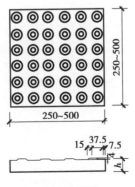

(a)行进盲道　　　　(b)提示盲道

图 8.71　盲道铺砖样式图(单位:mm)

◆设计要点

盲道设计应严格遵守设计规范,行进盲道与提示盲道的类型不同,其设计要点也各不相同(表8.5)。

表8.5　行进盲道与提示盲道设计要求

类　型	设计要点
行进盲道	1.行进盲道应与人行道的走向一致; 2.行进盲道的宽度宜为250~500 mm; 3.行进盲道宜在距围墙、花台、绿化带250~500 mm处设置; 4.行进盲道宜在距树池边缘250~500 mm处设置; 5.行进盲道与路缘石上沿在同一水平面时,距路缘石不应小于500 mm; 6.行进盲道比路缘石上沿低时,距路缘石不应小于250 mm;盲道应避开非机动车停放的位置
提示盲道	行进盲道在起点、终点、转弯处及其他有需要处应设提示盲道,当盲道的宽度不大于300 mm时,提示盲道的宽度应大于行进盲道的宽度

当人行道中设有盲道系统时,应与公交车站的盲道相连接。公交站中盲道的设计方式如图8.72所示。公交车站台距路缘石250~500 mm处应设置提示盲道,其长度应与公交车站的长度相对应。同时,应设置语音提示服务。

◆设计图例

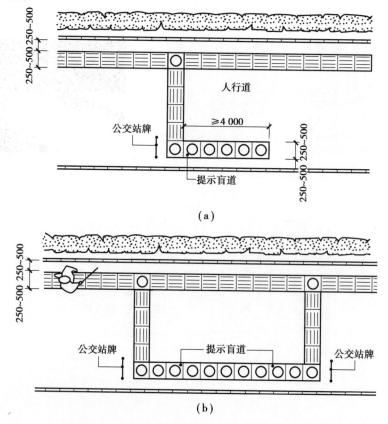

(a)

(b)

图8.72　公交站中盲道的设计方式(单位:mm)

4)其他无障碍设施

城市空间中景观小品众多,是景观环境的重要组成部分,也是人们直接参与使用的主要内容,尤其需要考虑无障碍设计。低位服务设施,如公用电话、饮水器、洗手台、垃圾箱等景观小品的设置应方便乘轮椅者或儿童使用(图 8.73)。无障碍景观设施的高度应严格按照国家标准进行设计,如休息座椅旁应设置 1.50 m×1.50 m 的轮椅停留空间等(表 8.6)。

图 8.73　城市空间中的低位服务设施

表 8.6　无障碍景观设施的高度

园林小品设施	高　度
无障碍公用电话	900~1 200 mm
无障碍洗手盆台面	700~850 mm,儿童用 450~600 mm
无障碍导向台	850~1 050 mm
无障碍饮水机台面	700~900 mm,儿童用 500~700 mm

本章思考题

1.列举出景观设施小品中智能系统的引入,分析其优势与特征。
2.简述导视系统的功能与作用,分析国内外优秀导视系统案例。

参考文献

[1] 唐茜,康琳英,乔春梅.景观小品设计[M].武汉:华中科技大学出版社,2017.

[2] 黄曦,何凡.景观小品设计[M].北京:中国水利水电出版社,2013.

[3] 吴婕.城市景观小品设计[M].北京:北京大学出版社,2013.

[4] 王中.公共艺术概论[M].2版.北京:北京大学出版社,2014.

[5] 周溶,宋力.论园林铺装的艺术表现要素和设计原则[J].沈阳农业大学学报:社会科学版, 2010(1):102-106.

[6] 田建林.园林景观铺地与园桥工程施工细节[M].北京:机械工业出版社,2009.

[7] 赵庆,沈永宝.园林绿篱的应用现状与前景研究[J].江苏农业科学,2012(2):183-186.

[8] 胡毅,胡喜梅.绿雕塑制作技术及其应用[J].中国城市林业,2011(2):59-60.

[9] 邱茉莉,张爱芳,崔铁成.花台在岭南四大名园中的应用[J].中国园林,2014(6):86-90.

[10] 威尔斯.园林水景设计[M].阎宏伟,金煜,李伟,等,译.沈阳:辽宁科学技术出版社,2002.

[11] 管学理,米锐,郭宇珍.景观小品设计[M].武汉:湖北美术出版社,2009.

[12] 徐卓恒,陈元甫.景观设计·环境小品[M].杭州:浙江人民美术出版社,2010.

[13] 翁彦祺.园林水景的设计研究[D].福建农林大学,2010.